变电站工程现场临时设施设计

及安全文明施工图册

国网江苏省电力有限公司建设部
国网江苏省电力工程咨询有限公司 组编

中国电力出版社
CHINA ELECTRIC POWER PRESS

内 容 提 要

本书以江苏省 500 千伏变电站工程为例，以工程现场临时设施及安全文明施工措施的标准化、模块化和规范化管理为背景，从工程项目管理人员的视角，系统总结了变电站建设过程中临时设施区域和施工区域的安全文明施工模块化设计图示、典型布置方案和应用实例。全书共分 7 章，第 1 章介绍了现场办公区模块化设计，包括总平面布置、会议室和办公室的典型设计方案，给出了区域内的绿化和消防等布置原则；第 2 章和第 3 章分别对材料加工区和生活区进行模块化设计，明确了材料加工区内钢筋堆放棚、木工加工棚等生产设施和生活区内宿舍、餐厅厨房等生活设施的应用规范；第 4 章分析了公共区域（门楼、道路等）现场施工时的关键要点；第 5 章和第 6 章结合国家电网有限公司安全文明施工管理通用制度的要求，梳理了临时设施区域和施工区域模块化设计和安全文明施工应用范例；第 7 章为"党建＋基建"文明施工示意，结合电网建设特点阐述了党建管理对现场临时设施和文明施工提出的新要求。

图书在版编目（CIP）数据

变电站工程现场临时设施设计及安全文明施工图册 / 国网江苏省电力有限公司建设部，国网江苏省电力工程咨询有限公司组编 . —北京：中国电力出版社，2021.9
ISBN 978-7-5198-5316-7

Ⅰ. ①变… Ⅱ. ①国…②国… Ⅲ. ①变电所–工程施工–施工设计–图集②变电所–工程施工–施工管理–安全管理–图集 Ⅳ. ①TM63-62

中国版本图书馆 CIP 数据核字（2021）第 019897 号

出版发行：中国电力出版社	印　　刷：三河市万龙印装有限公司
地　　址：北京市东城区北京站西街 19 号（邮政编码 100005）	版　　次：2021 年 9 月第一版
网　　址：http://www.cepp.sgcc.com.cn	印　　次：2021 年 9 月北京第一次印刷
责任编辑：崔素媛（010-63412392）	开　　本：880 毫米×1230 毫米　横 16 开本
责任校对：黄　蓓　郝军燕	印　　张：12
装帧设计：张俊霞	字　　数：374 千字
责任印制：杨晓东	定　　价：89.00 元

编 委 会

序

FOREWORD

2020 年 9 月 22 日，习近平总书记在第七十五届联合国大会上提出了"碳达峰、碳中和"目标，这是党中央做出的重大战略决策，不仅是一个应对气候变化的目标，更是一个经济社会发展的战略目标，体现了我国未来发展的价值方向，对构建以国内大循环为主体、国内国际双循环相互促进的新发展格局意义深远重大。

国网江苏省电力有限公司积极响应国家"碳达峰、碳中和"目标要求，主动承接落实国家电网有限公司"碳达峰、碳中和"行动方案，构建能源低碳发展新模式，打造能源低碳试点新标杆，推动构建差异化的能源"低碳""零碳"典型示范区，引领全省能源生产、传输、消费的低碳转型。作为电网基建管理者，我们深刻认识到实现"碳达峰、碳中和"是一项复杂艰巨的系统工程，必须做好三方面的工作：一是加快构建跨区输送清洁能源骨干网架，保障清洁能源及时同步并网，推动电网向能源互联网升级；二是推动节能减排，着力降低自身碳排放，落实绿色设计理念，强化绿色建造过程，健全绿色评价体系；三是加强技术创新，打造电力能源生态圈，推动能源消费"再电气化"、能源技术"低碳化"、建设过程"模块化"。

作为"绿色建造"和"降低自身碳排放"的重要组成部分，电网建设现场临时设施（临建区域）的低碳化、标准化、规范化规划和管理以往未得到充分重视，"忙乱无序"的临建布置造成了能源、资源的浪费，使其在支撑工程建设和服务一线建设者工作生活上的作用大打折扣。为此，作者积极组织专家团队，结合江苏电网基建管理要求和工程建设实际需要，编制《变电站工程现场临时设施设计及安全文明施工图册》。该书采用图文并茂的方式介绍了办公区、材料加工区、生活区和公共区域的布置要求和原则，给出了临时设施区域（临建区域）和现场施工区安全文明施工布置的成熟范例，可作为各电压等级变电站工程建设的普及读本。

国网江苏电力各级基建管理团队和各工程参建单位要重视临时设施规划和安全文明施工工作，聚焦重点、夯实责任，将其打造为基建专业落实"碳达峰、碳中和"工作的重要窗口和展现公司追求卓越管理、高质量发展的靓丽名片！

前 言

PREFACE

为适应国家电网有限公司新时代发展要求，贯彻落实"碳达峰、碳中和"重要工作部署，推进电网高质量建设，国网江苏省电力有限公司高度重视并持续推进电网工程施工现场的标准化管理。变电站建设临时设施和安全文明施工措施的标准化管理是体现公司项目管理综合水平和实力的窗口，通过对其深入地开展模块化设计及现场应用，可有效带动项目管理体系和安全文明施工体系不断完善，持续提升工程整体管理水平和核心竞争力，实现降碳、节能、提质、增效的建设目标。

为进一步落实国家电网有限公司"碳达峰、碳中和"行动方案和输变电工程安全文明施工管理要求，国网江苏省电力有限公司建设部和国网江苏省电力工程咨询有限公司（建设分公司）基于"安全第一、预防为主、综合治理"的安全生产管理方针，组织编写了《变电站工程现场临时设施设计及安全文明施工图册》，以500千伏变电站工程为例，对临时设施和安全文明施工措施统一规划、统一建设和统一管理，确保安全文明施工标准化工作在工程建设初期就做深、做细、做实，使临时设施和安全文明施工措施不仅满足施工要求，而且与周围环境协调一致、绿色和谐。根据区域化管理的要求，变电站现场临时设施区域（临建区域）主要包括办公区、材料加工区、生活区和公共区域（门楼、道路等）四部分，图册中前4章针对性给出了四个区域的模块化设计图式和典型布置方案。安全文明施工管理包括临时设施区域（临建区域）和现场施工区两部分，由于国家电网有限公司对施工区域的安全文明施工管理已编制了基建管理通用制度，在其基础上本图册第5章和第6章将临时设施区域和施工区域的"模块化设计和文明施工示意"和"各区域图牌标准化设计和示意"作为重点，归纳提炼成熟的应用实例和样板，作为通用制度的有益补充，确保现场实践时有据可查、易于执行。第7章给出了可供临建区域选择使用的低碳低能耗供能装置和节能环保措施；第8章将电网工程建设过程中的党建管理作为关键内容之一，总结了"党建＋基建"模式下对现场临时设施管理和安全文明施工管理提出的新要求和新做法。

本书编写过程中收集了大量资料并反复讨论和修改，但由于时间仓促难免有疏漏之处，恳请广大读者和同行提出宝贵意见。编者将定期对图册进行修订和补充，确保满足国家电网有限公司和国网江苏省电力有限公司的最新管理要求。

作 者

2021 年 8 月

目 录

CONTENTS

第 1 章
现场办公区模块化设计

1.1　办公区布置原则及模块划分 》

一、办公区布置原则

（1）办公区临建房屋宜设置在站区围墙外，并与施工区、生活区有效隔离，实际分布可根据现场地形选择"L"形或"门"字形布置。

（2）办公区用房包括会议室、业主项目部办公室、监理项目部办公室、施工项目部办公室、党员活动室、档案资料室和卫生间等。

（3）会议室、办公室、党员活动室和档案资料室等应做到布局合理、使用方便，室内外整洁。

（4）会议室、办公室和党员活动室等各房间均应设置铭牌，室内将工程项目管理制度（机制）、组织机构和工程鸟瞰图等图牌上墙，党员活动室布置党建文化墙，办公区室外应设置宣传栏等设施，并在醒目位置张贴安全质量管理和党建宣传标语。

（5）办公区应配备合理的水电、通信及其他配套设施，并配备必要的办公设备。

（6）办公室应具备可靠的内网、外网办公条件，能利用电子邮件、无线通信等手段实现工程资料的即时、可靠传递。

（7）办公区垃圾应分类收集，集中外运，区域内应设置污水处理设施或配备处理装置。

（8）办公区建构筑物应有可靠的接地措施，配备充足的消防设施。

二、办公区典型模块划分

办公区按照使用功能划分，可以分为以下八个典型模块：

（1）大门和围墙：办公区大门悬挂业主项目部铭牌和党员责任区铭牌；围墙包括实体围墙和格栅围墙。

（2）会议室：包括大会议室和小会议室，大会议室应满足召开50人及以上会议的需要，小会议室可以兼做洽谈室使用。

（3）办公室：按照业主项目部、监理项目部和施工项目部（土建、电气）等办公需要设立。

（4）党员活动室：设置宣传栏和党建文化墙，活动室门口设置铭牌，室内配备小型会议桌椅。

（5）档案资料室：用于各参建单位工程资料和过程管理资料的保存。

（6）卫生间：在办公区设置男女卫生间各一间。

（7）办公区地面及绿化：办公区使用硬化地面，中部设圆形绿化区，房间四周可以根据面积大小进行绿化点缀。

（8）停车位：为确保办公区的整洁美观，临建区域设置机动车和非机动车停车场。

说明：本图册中办公区建筑物主要使用彩钢板结构，目前电网工程中也存在"预制舱"式临时设施，相关要求可参考国家电网有限公司《变电工程装配化"预制舱"式临建设施技术导则（试行）》和《变电工程装配化"预制舱"式临建设施典型方案》，本书中不再阐述。

1.2 办公区总平面布置 》

办公区总平面布置图如图1-1所示。

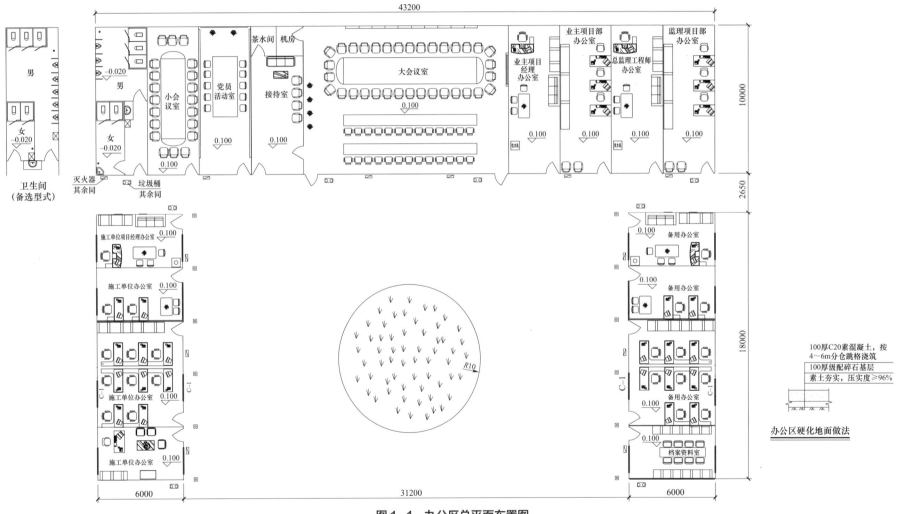

图1-1 办公区总平面布置图

（1）办公区原则上设立电动伸缩门，但在整个临建区域有唯一出口且已有大门的前提下，办公区可以不设置伸缩门，仅需两侧设置清水门柱即可。办公区大门（有伸缩门）施工图和效果图如图 1-2 和图 1-3 所示。办公区大门（无伸缩门）施工图和效果图如图 1-4 和图 1-5 所示。

（2）进门左侧门柱悬挂业主项目部的不锈钢铭牌，铭牌书写"江苏××500kV 输变电工程业主项目部"，不锈钢拉丝风格，国网绿色字体。右侧悬挂党员责任区铭牌，书写"江苏××500kV 输变电工程党员责任区"，采用仿铜风格，红色字体。

（3）伸缩门可以采用无轨式或有轨式，当采用有轨式时，应在做好的路基上利用钢筋马凳加固轨道，预留出混凝土二次浇筑量，将轨道调直调平，然后浇筑混凝土固定轨道。轨道接头要平滑，保证开启方便。

（4）道路施工完成后进行伸缩门安装，推动检验顺直性及平整度，按照施工图纸安装电动机及遥控箱。

（5）伸缩门安装完毕后进行大门接线及调试工作，要求开启灵活、遥控灵敏。

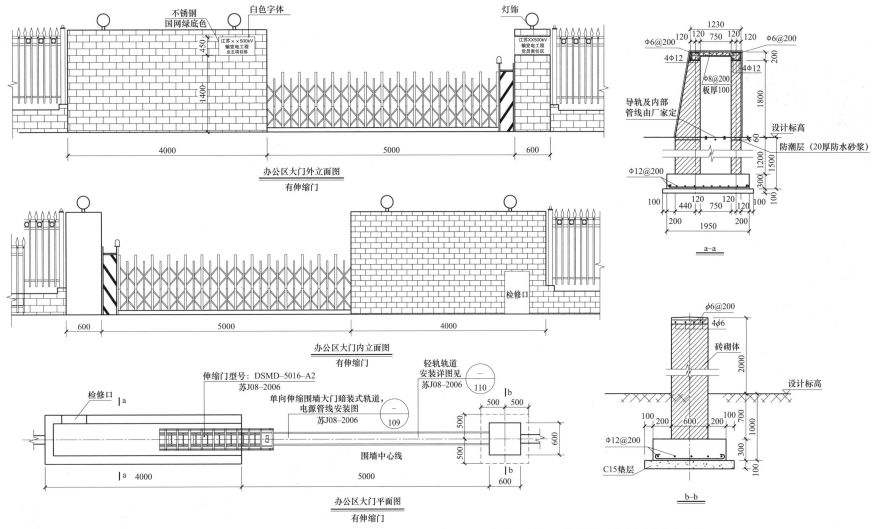

说明：1. 本图纸应与总平面实际定位尺寸配合使用，如发现设计与实际不符，应通知设计人员进行处理后方能进行下一步施工。图
　　　　纸中标注尺寸单位为毫米（mm）。

2. 混凝土强度等级：C25　钢筋：HPB300，f_y＝300N/mm²。

3. 砌体：240mm 厚砖砌体，MU10 灰砂砖。
　　砂浆：M10 水泥砂浆用于地下，M7.5 混合砂浆用于地上。

4. 基础设计地基承载力特征值不小于100kPa。

5. 钢筋保护层厚度：基础底板 40mm。

6. 门柱施工应配合所选大门和格栅围墙预埋件，门灯须预埋电线管。

7. 门柱采用清水砖墙面，做法见苏 J01－2005 $\dfrac{1}{6}$。

图1－2　办公区大门（有伸缩门）施工图

图 1-3　办公区大门（有伸缩门）效果图

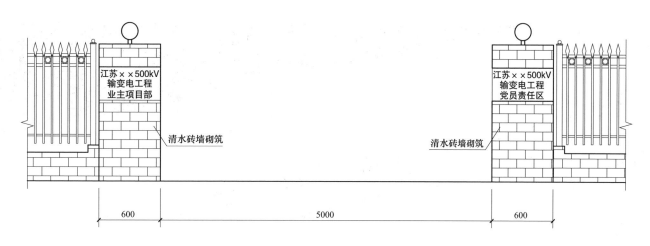

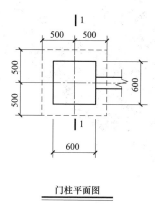

门柱平面图

办公区大门外立面图
无伸缩门

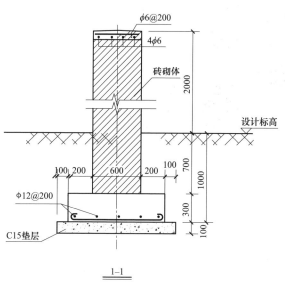

说明: 1. 本图纸应与总平面实际定位尺寸配合使用, 如发现设计与实际不符, 应通知设计人员进行处理
后方能进行下一步施工。

2. 混凝土强度等级: C25 钢筋: HPB300, $f_y = 300\text{N/mm}^2$。

3. 砌体: 240mm 厚砖砌体, MU10 灰砂砖。

砂浆: M10 水泥砂浆用于地下, M7.5 混合砂浆用于地上。

4. 基础设计地基承载力特征值不小于 100kPa。

5. 钢筋保护层厚度: 基础底板 40mm。

6. 门柱施工应配合所选大门和格栅围墙预埋件, 门灯须预埋电线管。

图1-4 办公区大门(无伸缩门)施工图

图 1-5 办公区大门（无伸缩门）效果图

1.4 办公区围墙和临时建筑基础 》

一、围墙典型设计

1. 塑钢格栅围墙

塑钢格栅围墙下部为 500mm 高度的清水砖墙，采用灰砂砖砌筑，上部为乳白色塑钢材质围栏，高度 1400～1500mm，围栏采用镂空工艺，起到分隔作用的同时确保美观。塑钢格栅围墙施工图如图 1-6 所示。

2. 实体围墙

办公区除正面外其余三面围墙采用实体围墙。围墙为清水砖墙，高度约 2000mm，用灰砂砖、混合砂浆砌筑，每隔 15m 设置变形缝一道。实体围墙施工图如图 1-7 所示。

3. 工艺要求

（1）基础、砖垛盘角：砌砖前架好皮数杆、盘好角，每次盘角不宜超过 5 皮。

（2）挂线：采用双面挂线，控制线要拉紧，每层砖砌筑时应扣平线，使水平缝保持均匀一致，平直通顺。

（3）砌筑：宜采用"一铲灰、一块砖、一挤揉"的"三一"砌法。墙体变形缝应与基础变形缝位置、宽度一致，上下贯通。

（4）围墙砌筑完毕后，根据砖柱间距加工制作格栅围栏。安装前抄出水平及竖向控制线，安装时严格控制格栅围栏的标高及垂直度，安装牢固后将预留洞口封堵密实。

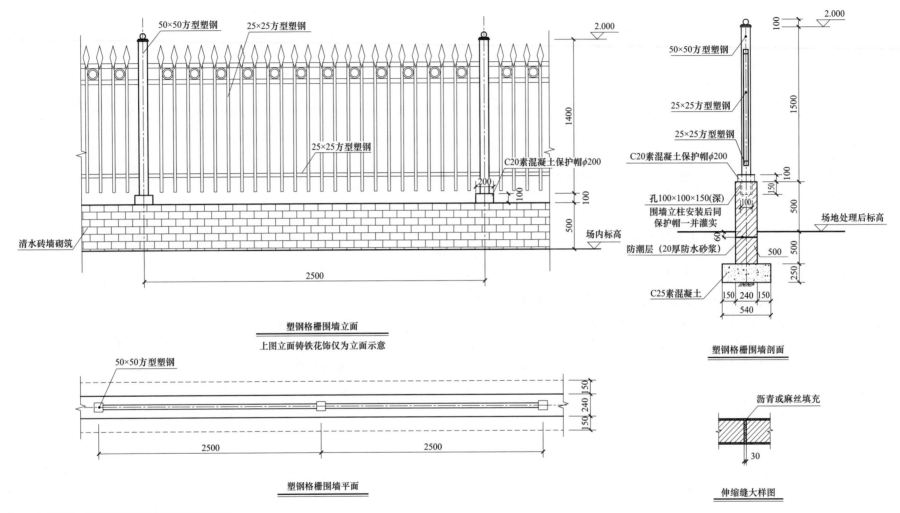

塑钢格栅围墙立面
上图立面铸铁花饰仅为立面示意

塑钢格栅围墙剖面

塑钢格栅围墙平面

伸缩缝大样图

说明：1. 办公区域、生活区域围墙采用塑钢格栅式围墙。
　　　　围栏墙体地下采用 MU10 灰砂砖、M10 水泥砂浆砌筑，地上采用 MU10 灰砂砖、M7.5 混合砂浆砌筑。
　　　2. 围栏墙身每 15m 设一道变形缝，缝宽 30mm，与围墙形成通缝，缝内填聚乙烯挤塑板。结合地质情况及墙身墙高断面变化情况
　　　　调整变形缝间距，基槽开挖后，地基土突变处应增设变形缝。
　　　3. 所有实体围墙均为清水砖墙。
　　　4. 格栅颜色推荐全白。

图1-6　塑钢格栅围墙施工图

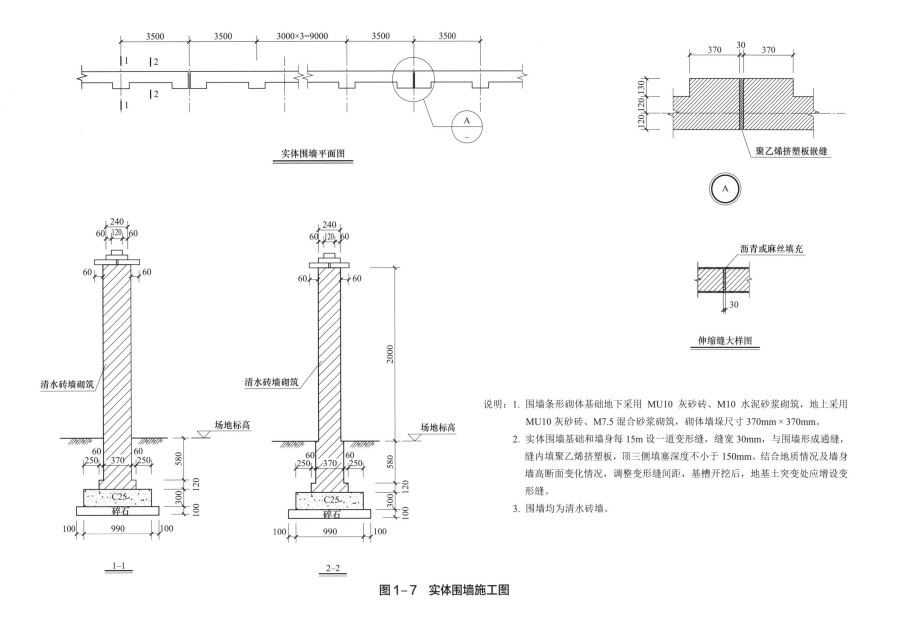

图1-7 实体围墙施工图

实体围墙平面图

伸缩缝大样图

聚乙烯挤塑板嵌缝

沥青或麻丝填充

清水砖墙砌筑

场地标高

C25

碎石

1—1

2—2

说明：1. 围墙条形砌体基础地下采用 MU10 灰砂砖、M10 水泥砂浆砌筑，地上采用 MU10 灰砂砖、M7.5 混合砂浆砌筑，砌体墙垛尺寸 370mm×370mm。

2. 实体围墙基础和墙身每15m 设一道变形缝，缝宽30mm，与围墙形成通缝，缝内填聚乙烯挤塑板，顶三侧填塞深度不小于150mm。结合地质情况及墙身墙高断面变化情况，调整变形缝间距，基槽开挖后，地基土突变处应增设变形缝。

3. 围墙均为清水砖墙。

二、临时建筑基础

现场临时建筑地基应稳固，基础承载力满足安全性和使用性要求，图1-8给出了临建板房的基础剖面图供现场参考使用。当临时建筑所在区域地质条件特殊或承载力有特殊要求时，应由设计单位开展专业岩土工程设计。

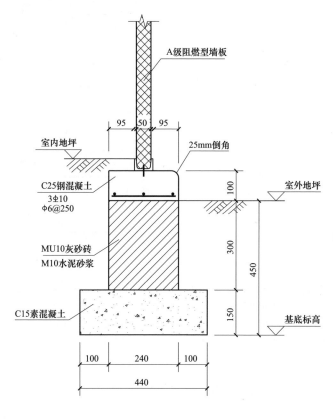

板房基础剖面图

说明：1. 基础底承载力特征值 $f_{ak}=80$ kPa，基础底应坐落在未经扰动土层上，若基础底为杂填土层时，应整体全部挖除，并用 C15 素混凝土填至基底标高，或回填 1:1 砂石并分层夯实，每层厚 250mm，夯实系数为 0.96。

2. 基础埋深根据现场实际情况确定，但必须大于 450mm。

图1-8 板房基础图

1.5 会议室（接待室）典型设计 》

会议室位置正对办公区大门，会议室面积按照 14.4m × 10m 设置（具体尺寸可以根据征地面积调整），能满足 50 人及以上规模会议需要。室内地坪铺设地砖，采用矿棉板天花吊顶，铝合金推拉窗，钢制单开外开门，门扇宽度不小于 900mm（不含边框）。会议室内配置设施包括：① 配备空调，数量根据空调类型、功率调整；② 饮水器或类似饮水设施；③ 全套会议桌椅；④ 放置水杯、水瓶等物品的置物桌；⑤ 会议系统（吊顶式投影仪、话筒、音响等）。

将业主项目部组织机构、安全委员会网络图、工程项目管理目标、业主项目部安全责任制、廉洁协议书、廉洁自律承诺书、廉洁公示以及工程施工进度横道图、变电站鸟瞰图和应急联络牌 10 块图牌上墙，同时设置 1 块变电站建设亮点展示牌。会议室图牌一览表见表 1-1，图牌落款均为业主项目部。

表 1-1   会 议 室 图 牌 一 览 表

序号	会议室	尺寸（mm×mm，宽×高）	数量
1	项目部组织机构图	600 × 900	1
2	项目安全委员会网络图	600 × 900	1
3	工程项目管理目标牌（含安全文明施工管理目标）	600 × 900	1
4	项目部安全责任制牌（安全文明施工岗位责任）	600 × 900	1
5	廉洁自律承诺书	600 × 900	1
6	廉洁公示牌	600 × 900	1
7	廉洁协议书	600 × 900	1
8	应急联络牌	600 × 900	1
9	工程施工进度横道图	600 × 900	1
10	变电站鸟瞰图	1500 × 900	1
11	变电站建设亮点展示牌	1500 × 900	1

大会议室四面墙上图牌分布应相对固化，具体可以结合每面墙开窗情况调整。

A1 墙面：项目部组织机构图、安全委员会网络图、工程项目管理目标牌、安全责任制牌、工程施工进度横道图、应急联络牌。

A2 墙面：标识墙。

A3 墙面：廉洁协议书、廉洁公示、廉洁承诺书。

A4 墙面：变电站鸟瞰图、变电站建设亮点展示牌。

大会议室内宜根据需要设置电子式图牌，如进度横道图由于需动态更新，可改为电子式。电子式图牌根据最新时事与国家电网有限公司、国网江苏省电力有限公司要求及时更新内容，便于学习和宣传。小会议室和接待室承担会议辅助和接待功能，可在室内布置展示企业文化、职工风采的图牌，当办公区布置有智慧工地管理系统时，也可兼做展示大厅监控室使用。

会议室平面图及效果图如图 1-9 和图 1-10 所示。

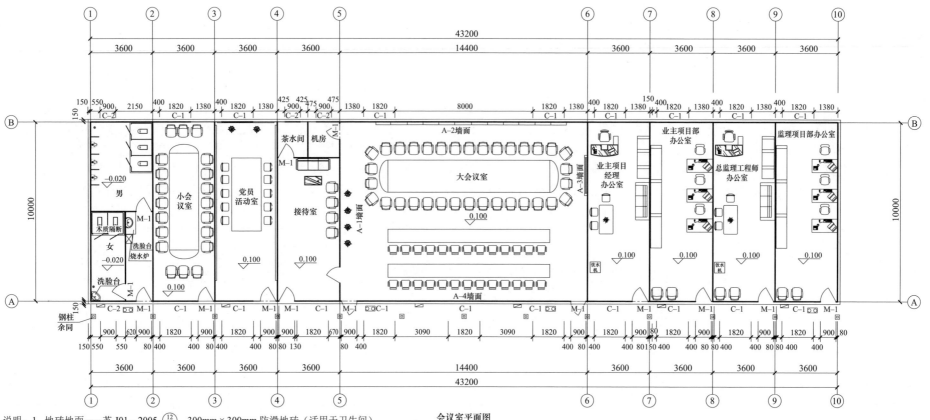

会议室平面图

说明：1. 地砖地面——苏J01－2005 $\frac{12}{2}$，300mm×300mm 防滑地砖（适用于卫生间）。
2. 矿棉板吊顶——苏J01－2005 $\frac{8}{8}$。
3. 钢质板单开门——苏J30－2008－PSM1021，注意大会议室考虑人员疏散，门应外开，门扇宽度不得小于 M－1 尺寸，即900mm。
4. 塑钢推拉窗——苏J11－2006－TLC1809。
5. 板房采用 A 级阻燃性材料。
6. 卫生设备：
　　大、小便器安装——苏J06－2006 $\frac{一}{33}$
　　洗脸盆安装——苏J06－2006 $\frac{一}{34}$
　　木隔断安装——苏J06－2006 $\frac{一}{30}$。
7. 钢柱支墩及台阶均倒圆角，圆角半径为25mm。
　　钢柱采用75mm×75mm×6mm（厚）方管，表面刷白色防腐油漆，标高1.5m以下刷黄黑漆，共5道。
8. 地砖铺设时需注意不得出现小于 1/2 砖。
9. 办公区办公室和会议室门统一为蓝色，临建区域屋顶彩钢板为红色。

门窗一览表

名 称	编 号	长×高 （mm×mm）	备 注
门	M－1	900×2100	钢质板 单开门
窗	C－1	1820×900	塑钢推 拉窗
	C－2	900×900	塑钢推 拉窗

注：办公区窗需做防盗措施。

会议室地面做法
600×600大理石面砖
30厚黄砂
150厚C15素混凝土
素土夯实

活动室地面做法
地砖
30厚黄砂
150厚C15素混凝土
素土夯实

卫生间地漏安装示意
居中布置
地漏
防滑地砖

图1－9　会议室平面图

图 1-10　大会议室效果图

大会议室室内墙面图牌布置图和标识墙型式如图 1-11 和图 1-12 所示。

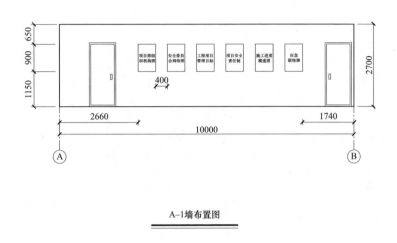

A-1墙布置图

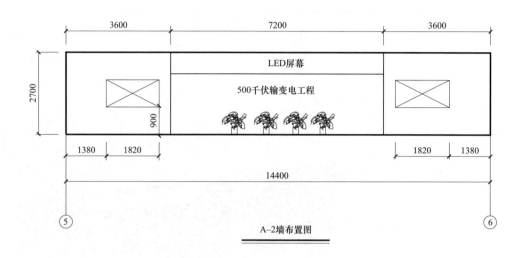

A-2墙布置图

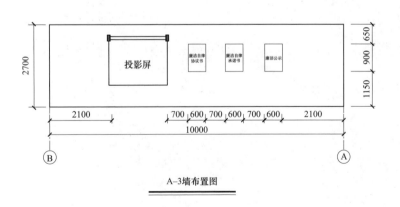

A-3墙布置图

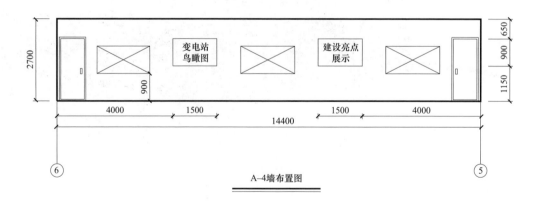

A-4墙布置图

说明：背景墙字体为大黑；LED 屏幕的宽度为 400～500mm。

图 1-11　大会议室室内墙面图牌布置图

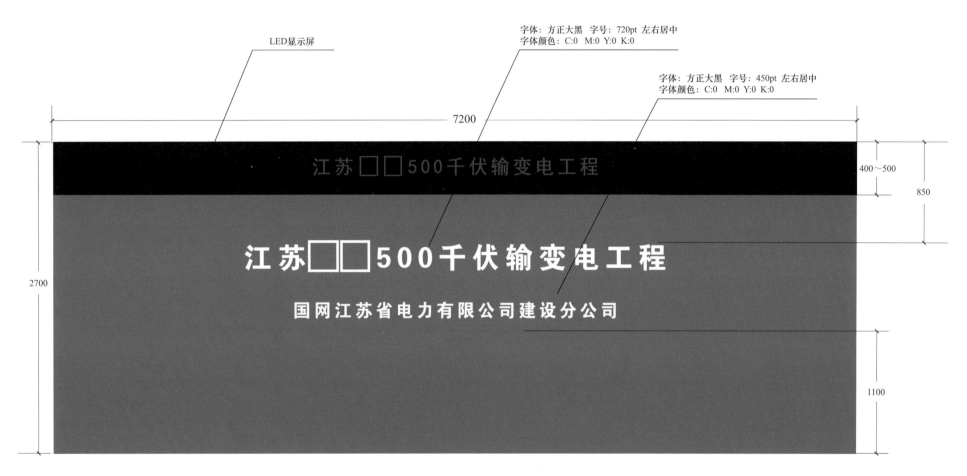

字体：方正大黑　字号：720pt 左右居中
字体颜色：C:0　M:0　Y:0　K:0

字体：方正大黑　字号：450pt 左右居中
字体颜色：C:0　M:0　Y:0　K:0

LED显示屏

7200

江苏□□500千伏输变电工程

400～500

850

2700

江苏□□500千伏输变电工程

国网江苏省电力有限公司建设分公司

1100

图1-12　大会议室标识墙效果图

办公区会议室一侧屋顶平面图如图 1-13 所示。

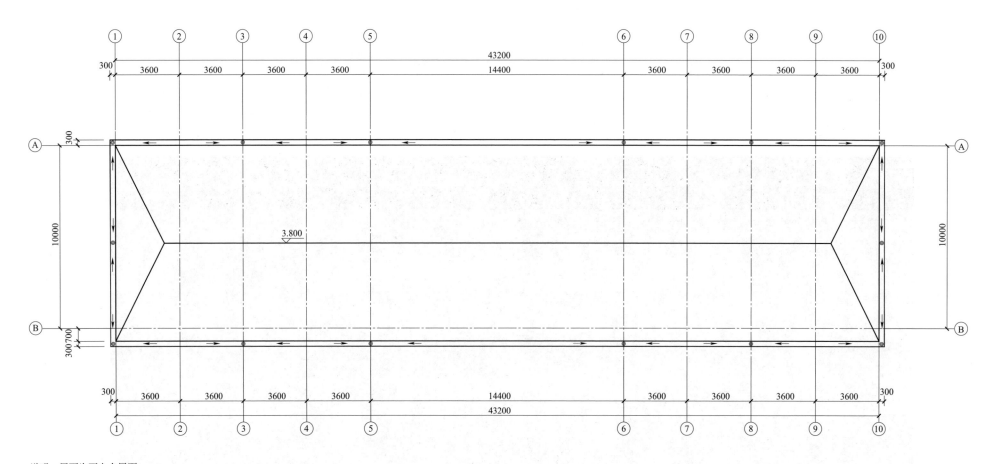

说明：屋面为不上人屋面。

图 1-13　办公区会议室一侧屋顶平面图

办公区会议室一侧立面图如图 1-14 所示。

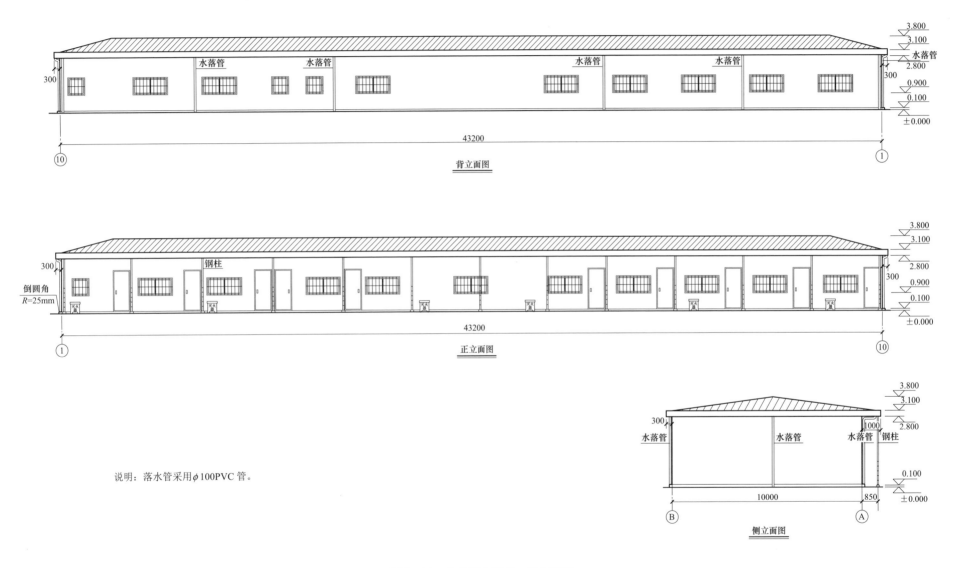

说明：落水管采用ϕ100PVC管。

图1-14 办公区会议室一侧立面图

办公区设置业主项目部、监理项目部办公室共 4 间，施工单位项目部办公室和备用办公室 7 间（2 大 5 小），档案资料室 1 间，如图 1-15 所示。业主项目部、监理项目部办公室位于会议室同一侧（见图 1-9）。办公室采用钢质板单开门，铝合金推拉窗，室内地坪铺设地砖。办公室内部布局合理，办公桌椅统一配备，项目经理和总监理工程师办公室根据条件可采用标准单人办公桌，也可与其他管理人员合并办公，其他办公室采用隔断式办公桌。

办公室配备统一的标准文件柜，文件资料分类存放；配备电脑、打印机、空调、公告板、饮水机、废纸篓等，并接入网络（内网和外网）。

办公室屋顶平面图和办公室立面图如图 1-16～图 1-18 所示。

一、业主项目经理办公室

1. 铭牌设置

业主项目经理办公室门口应设立项目部铭牌（尺寸要求：600mm×400mm），铭牌采用不锈钢牌，上书"江苏××500kV 输变电工程业主项目部"，字体分两行显示，采用国网绿色。

2. 图牌上墙

业主项目经理办公室悬挂"项目经理岗位责任牌""业主项目部组织机构""项目安全保证体系""项目安全监督体系""达标创优质量体系"等图牌，见表 1-2。

表 1-2 业主项目经理室上墙图牌一览表

序号	业主办公室	尺寸（mm×mm，宽×高）	数量
1	业主项目经理岗位责任牌		1
2	业主项目部组织机构（标准化体系）牌		1
3	项目安全保证体系牌	600×900	1
4	项目安全监督体系牌		1
5	达标创优质量体系牌		1

"业主项目经理岗位责任牌"应根据《国家电网有限公司业主项目部标准化管理手册》中关于业主项目经理的职责规定编制，明确项目经理在工程项目管理、安全管理、质量管理、造价管理和技术管理等方面的职责。

"业主项目部组织机构牌"应明确项目经理、安全管理专责、质量管理专责、造价管理专责、技术管理专责和建设协调专责等。

"项目安全保证体系牌"和"项目安全监督体系"中应包含设计单位、监理单位、施工单位和调试单位的相应安全体系。

"达标创优质量体系牌"应包含建设管理单位、设计单位、监理单位、设备材料供应单位、施工单位、调试单位和运行单位。

二、监理单位办公室

1. 铭牌设置

监理单位办公室门口应设立项目部铭牌（尺寸要求：600mm×400mm），采用不锈钢牌，上书"江苏××500kV 输变电工程监理项目部"，字体分两行显示，采用国网绿色。

2. 图牌上墙

监理办公室内应悬挂"工程项目监理目标图""监理人员职责""监理机构组织机构图""三级及以上施工现场风险管控公示牌"和"工程进度横道图"，见表1-3。

表1-3   监理单位办公室上墙图牌一览表

序号	图牌名称	尺寸（mm×mm，宽×高）	数量
1	工程项目监理目标图		1
2	监理人员职责牌	600×900	1
3	监理机构组织机构图		1
4	工程进度横道图	1500×900 或 600×900	1
5	三级及以上施工现场风险管控公示牌	1800×1200	1

"工程项目监理目标图"重点落实安全管理和质量管理的相关要求，其中细则应根据最新的《国家电网有限公司基建安全管理规定》和《国家电网有限公司基建质量管理规定》编制。

"监理人员职责牌"中应明确总监理工程师、总监代表、监理工程师、安全监理工程师和监理员的职责。

三、施工单位办公室

1. 铭牌设置

施工单位办公室门口应设立项目部铭牌（尺寸要求：600mm×400mm），采用不锈钢牌，上书"江苏××500kV 输变电工程土建（电气）施工项目部"，字体分两行显示，采用国网绿色。

2. 图牌上墙

施工单位项目部设置"施工项目部岗位责任牌""项目施工管理组织机构图""工程项目施工管理目标""工程进度横道图""作业层班组骨干责任牌""治安消防管理网络图"等图牌，见表1-5。

"施工项目部岗位责任牌"中应将岗位责任细化到建设过程全阶段，落实到建设活动策划、实施、检查验收、闭环全过程。

表1-4 施工单位办公室上墙图牌一览表

序号	图牌名称	尺寸（mm×mm，宽×高）	数量
1	施工项目部岗位责任牌		1
2	项目施工管理部组织机构图	600×900	1
3	工程项目施工管理目标牌		1
4	工程进度横道图	1500×900 或 600×900	1
5	治安消防管理网络图		1
6	作业层班组骨干责任牌	600×900	1
7	三级及以上施工现场风险管控公示牌	1800×1200	1

"项目施工管理部组织机构"中除应注明五大员，即施工技术员、质检员、安全员、材料员和资料员外，还应明确关键工序责任人，包括瓦工班组、钢筋班组、木工班组、水电班组和运输班组。

"工程项目施工管理目标"包括安全管理目标、质量目标、工期目标、文明施工目标和环境保护目标。

"治安消防管理网络图"应明确办公区、生活区、材料堆放区、钢筋加工区、木工加工区和搅拌区的责任人。

"作业层班组骨干责任牌"应明确班组长兼指挥、班组安全员和班组技术兼质检员岗位职责。

"三级及以上施工现场风险管控公示牌"应将三级及以上风险作业地点（地理位置）、作业内容、风险等级、工作负责人、现场监理人员、计划作业时间进行公示，并动态更新。

四、档案资料室

档案资料室内布置档案资料柜，中间设置长方桌及配套座椅，根据需要配置空调、计算机和小型复印机，其他办公用品如装订机、切纸刀、档案盒等根据需要配置。

管理要求：防潮、防光、防霉、防虫、防鼠、防尘、防盗、防火。

五、党员活动室

党员活动室设置标准化定制的"党建文化墙"。

六、备用办公室

备用办公室供业主、监理项目部和施工项目部调剂使用，也可供调试单位、设计单位等临时使用。

为便于各单位工作沟通和集中管理，业主项目部和监理项目部办公室与会议室、接待室位于同一侧，紧邻大会议室，而施工项目部办公室与备用办公室、档案资料室分别布置在办公区左右两侧。

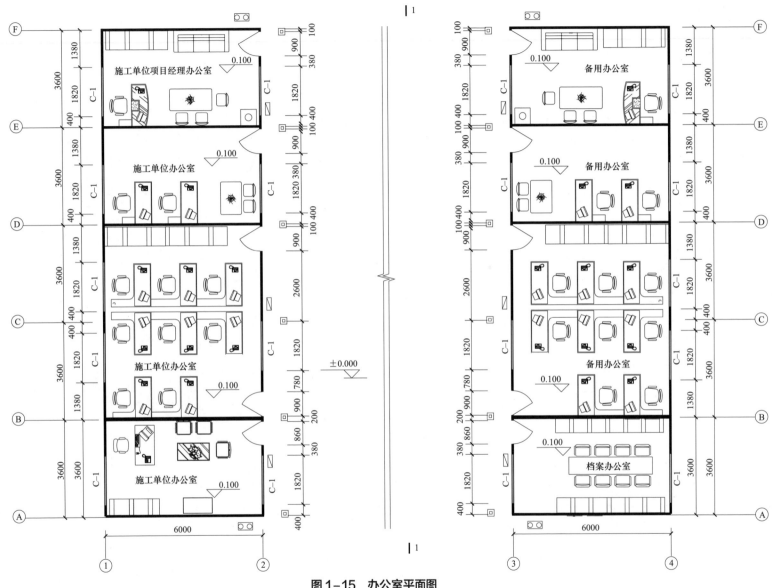

图 1-15　办公室平面图

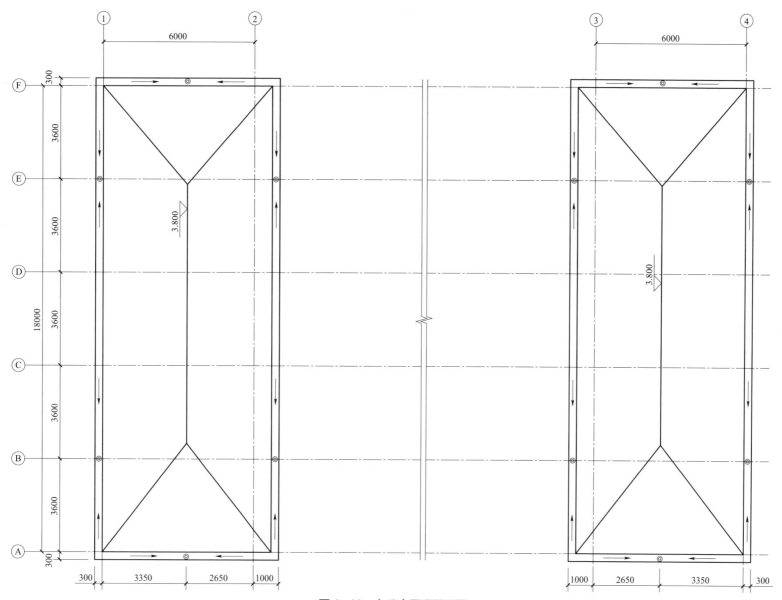

图1-16 办公室屋顶平面图

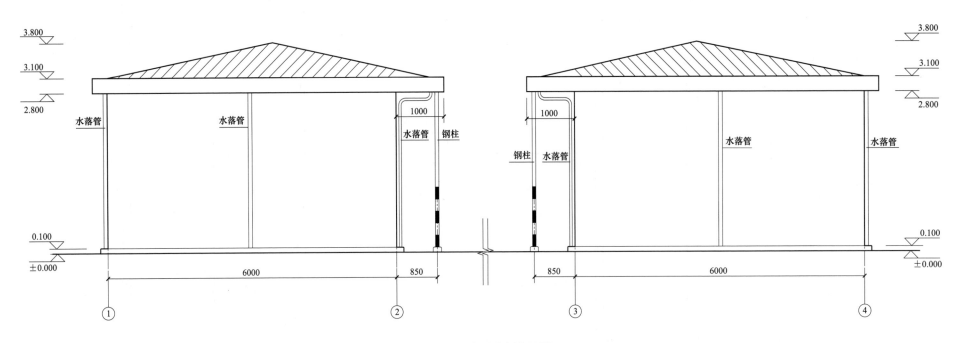

图 1-17　办公室侧立面图

变电站工程现场临时设施设计及安全文明施工图册

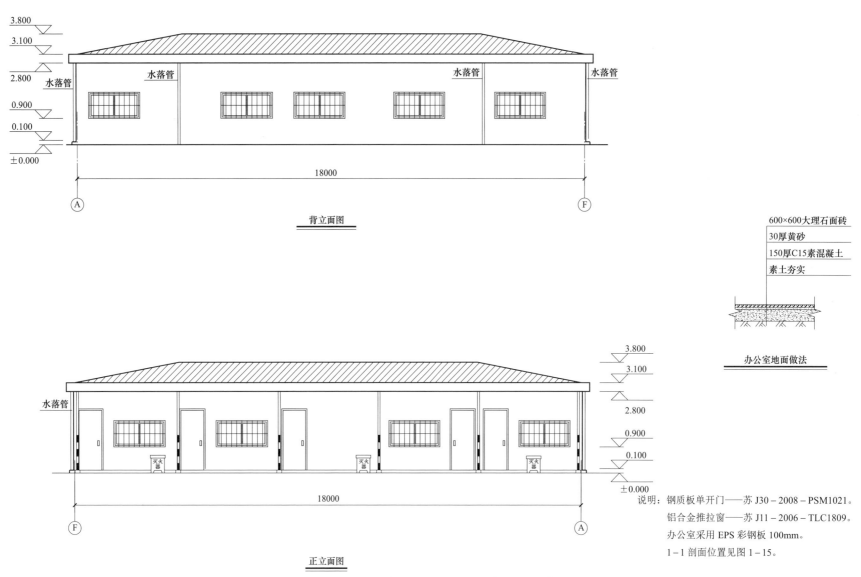

背立面图

600×600大理石面砖
30厚黄砂
150厚C15素混凝土
素土夯实

办公室地面做法

正立面图

图1-18 办公室背立面和正立面图（1-1剖面）

说明：钢质板单开门——苏J30－2008－PSM1021。
铝合金推拉窗——苏J11－2006－TLC1809。
办公室采用EPS彩钢板100mm。
1－1剖面位置见图1－15。

1.7 办公区卫生间典型设计 》

办公区设男女卫生间各 1 间，卫生间布置原则为：

（1）卫生间设计应综合考虑清洗、厕所两种功能。

（2）卫生间的装饰设计不应影响采光、通风效果，用电符合安全规程的规定。

（3）卫生间的地坪应向排水口倾斜。

（4）洁具的选用应与整体布置协调。

洁具规格、型号必须符合以下设计要求：

（1）洁具造型周正，表面光滑、美观、无裂纹，色调一致。

（2）洁具零件规格应标准，质量可靠，外表光滑，电镀均匀，无砂眼、裂纹等缺陷。

（3）洁具应采用节水型。

卫生间布置图如图 1-19 所示。

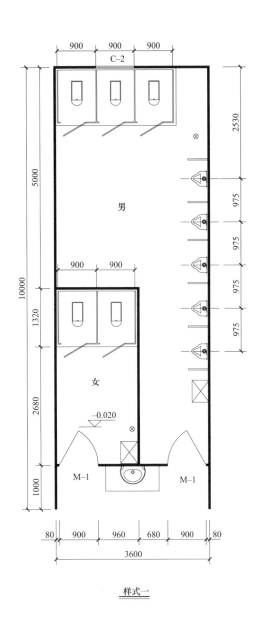

样式一

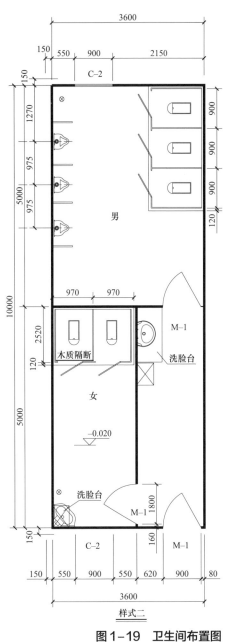

样式二

地漏

防滑地砖

卫生间地漏安装示意
居中布置

说明：1. 卫生设备：

大、小便器安装——苏 J06－2006 $\left(\dfrac{-}{33}\right)$；

洗脸盆安装——苏 J06－2006 $\left(\dfrac{-}{34}\right)$；

木隔断安装——苏 J06－2006 $\left(\dfrac{-}{30}\right)$。

2. 卫生间应安装排气扇以利通风。

3. 卫生间排版时注意在适合位置放置热水炉。

图 1-19　卫生间布置图

1.8　办公区绿化设计 》

　　办公区地面采用绿化及硬化相结合，办公区中央设置圆形绿化区。绿化区可以砌筑混凝土（或砖砌）花坛，也可以采用路牙石隔离。

　　绿化区设计应与周围建筑相协调，绿化图案简洁，边缘装饰朴实。绿化植物在生长周期中的形态变化应科学设计，体形高矮、大小搭配合理，最高者宜布置在中心，较矮者布置在外围或边缘；如靠近建筑物时，可把较高植株配在后面，自后向前逐渐降低，以形成高低层次的变化。

　　如果场地大小受限，办公区绿化可以结合具体位置采用箱式绿化（绿化箱）的形式。

　　办公区中心绿化示意图及效果图如图 1-20 和图 1-21 所示。

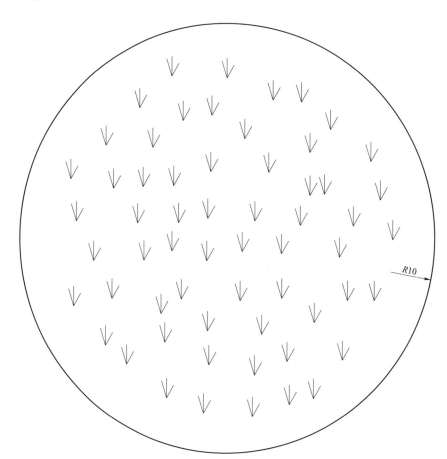

图 1-20　办公区中心绿化示意图

图1-21 办公区中心绿化效果图

1.9 停车位典型设计 》》

　　临建区域停车场宜布置在办公区左、右两侧，在便于使用的同时与办公区域隔离管理。在征地条件受限时，也可以将停车场布置在办公区前部或单独设置在距离办公区一定距离的位置。停车位示意图如图1-22所示。

　　除机动车停车场外，应单独设置非机动车停车区域，规范非机动车管理，具备必要的充电、遮雨和安全消防措施，其效果图如图1-23所示。

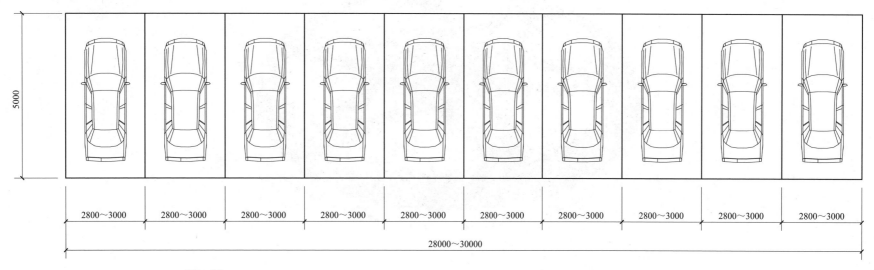

说明："停车场"做法见苏 J08－2006 ⑥/⑦ ⑤/⑫。

图1-22　停车位示意图

图1-23 非机动车车棚效果图

图 1-24 和图 1-25 给出了办公区会议室一侧的消防器材布置和给排水布置示意图，消防器材的数量应满足工程所在地消防管理的要求，给排水布置可以根据卫生间的布局变化灵活调整。

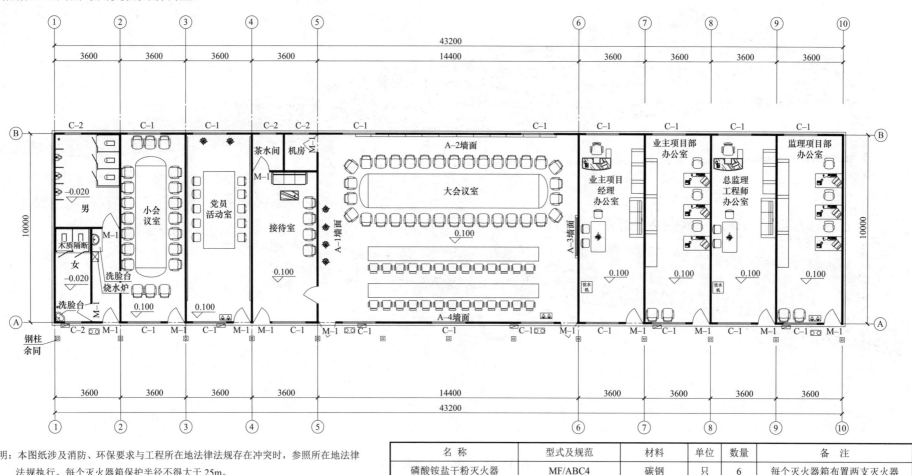

说明：本图纸涉及消防、环保要求与工程所在地法律法规存在冲突时，参照所在地法律法规执行。每个灭火器箱保护半径不得大于 25m。

名　称	型式及规范	材料	单位	数量	备　注
磷酸铵盐干粉灭火器	MF/ABC4	碳钢	只	6	每个灭火器箱布置两支灭火器

图 1-24　会议室一侧灭火器平面布置图

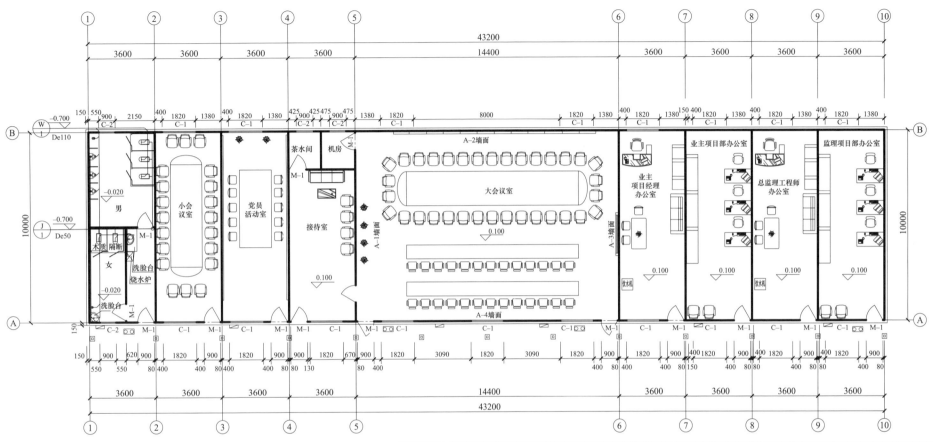

说明：本图纸涉及给排水、环保要求与工程所在地法律法规存在冲突时，
　　　参照所在地法律法规执行。

编号	名　称	型式及规范	材料	单位	备注
1	给水管	De50	PP－R	m	GB/T 18742.1—2017
2	排水管	De110	UPVC	m	GB/T 5836.1—2018
3	感应式冲洗阀蹲式大便器	包括大便器、冲洗阀等	陶瓷	只	—
4	洗脸盆	包括洗脸盆、龙头及排水栓等	陶瓷	只	—
5	污水池	包括污水池、龙头及排水栓等	陶瓷	只	—
6	感应式冲洗阀小便器	包括小便器、冲洗阀及排水栓等	陶瓷	只	—

图1-25　会议室一侧给排水平面布置图

图1-26~图1-31给出了办公区照明、空调和插座配置示意图，具体使用时可以结合各功能用房实际情况进行调整，在满足安全和使用要求的同时注意节能环保。

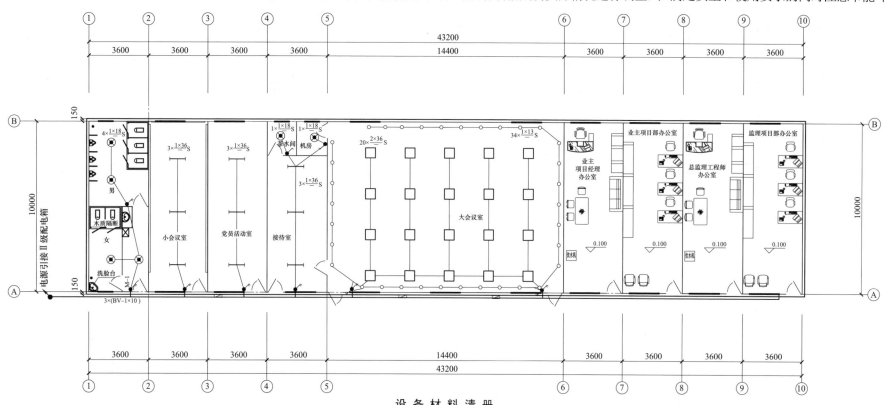

设 备 材 料 清 册

编号	名称	型号及规范	图例	单位	备注	编号	名称	型号及规范	图例	单位	备注
1	一体化电子节能环形荧光灯	220V 13W	○	盏	吸顶安装	6	双联单控开关	250V 10A	✦	只	其中两只需防水
2	一体化电子节能环形荧光灯	220V 18W	◉	盏	防潮型，吸顶安装	7	双联双控开关	250V 10A		只	—
3	带罩单管荧光灯	220V 36W	⊢	盏	嵌入式安装	8	电线钢管	φ25		m	—
4	带罩双管荧光灯	220V 2×36W	□	盏	嵌入式安装	9	铜芯塑料绝缘线	BV-1×10		m	—
5	单联单控开关	250V 10A	✦	只	其中一只需防水						

图 1-26 办公区域照明平面图

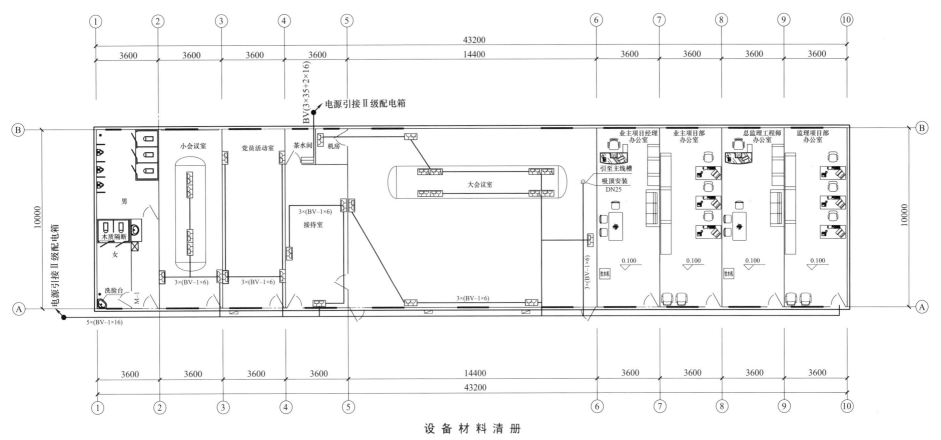

设 备 材 料 清 册

编号	名　称	型号及规范	图例	单位	备　注
1	单相两极三极组合插座	250V 16A		只	—
2	电线钢管	$\phi25$		m	—
3	铜芯塑料绝缘线	BV－1×16		m	—
4	铜芯塑料绝缘线	BV－1×6		m	—
5	铜芯塑料绝缘线	BV－1×35		m	—

图1-27　办公区域插座配置图

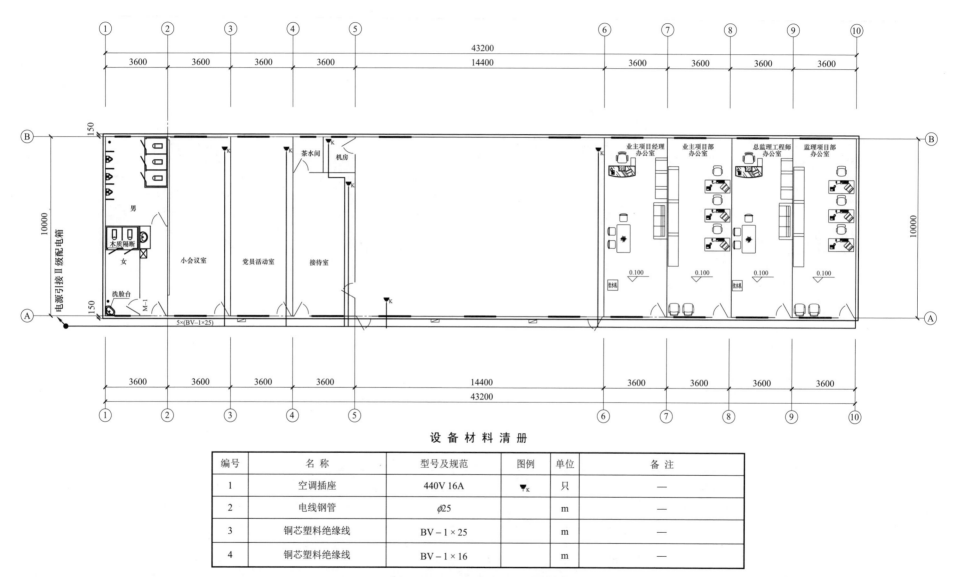

设 备 材 料 清 册

编号	名 称	型号及规范	图例	单位	备 注
1	空调插座	440V 16A	▼K	只	—
2	电线钢管	φ25		m	—
3	铜芯塑料绝缘线	BV－1×25		m	—
4	铜芯塑料绝缘线	BV－1×16		m	—

图 1-28　办公区域空调插座配置图

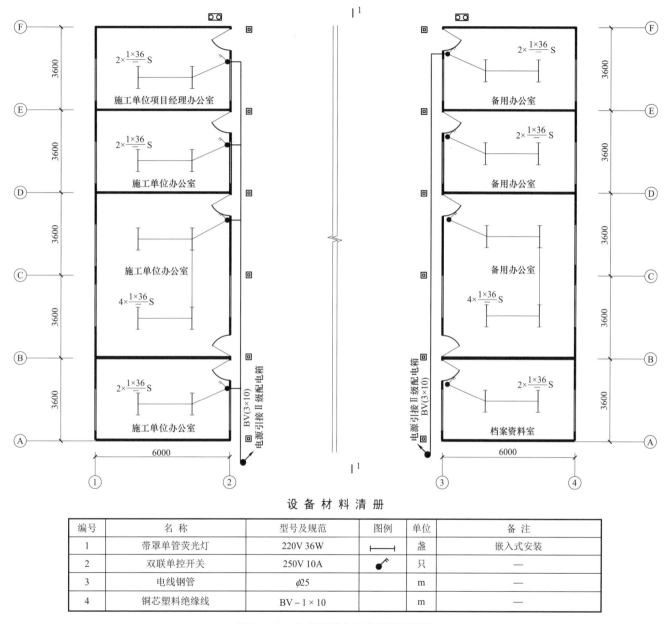

设 备 材 料 清 册

编号	名　称	型号及规范	图例	单位	备　注
1	带罩单管荧光灯	220V 36W	⊢——┤	盏	嵌入式安装
2	双联单控开关	250V 10A	✒	只	—
3	电线钢管	$\phi25$		m	—
4	铜芯塑料绝缘线	BV－1×10		m	—

图1-29 办公区域办公室照明平面图

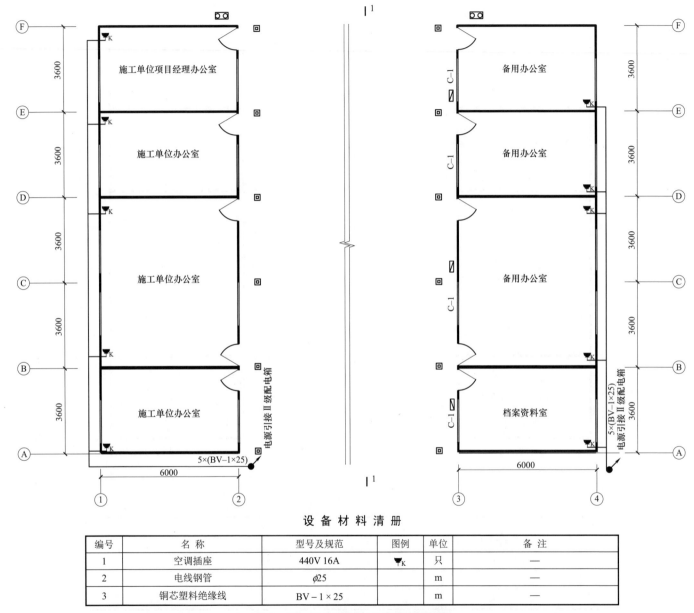

设 备 材 料 清 册

编号	名 称	型号及规范	图例	单位	备 注
1	空调插座	440V 16A	▼K	只	—
2	电线钢管	φ25		m	—
3	铜芯塑料绝缘线	BV－1×25		m	—

图1-30 办公区域办公室空调配置图

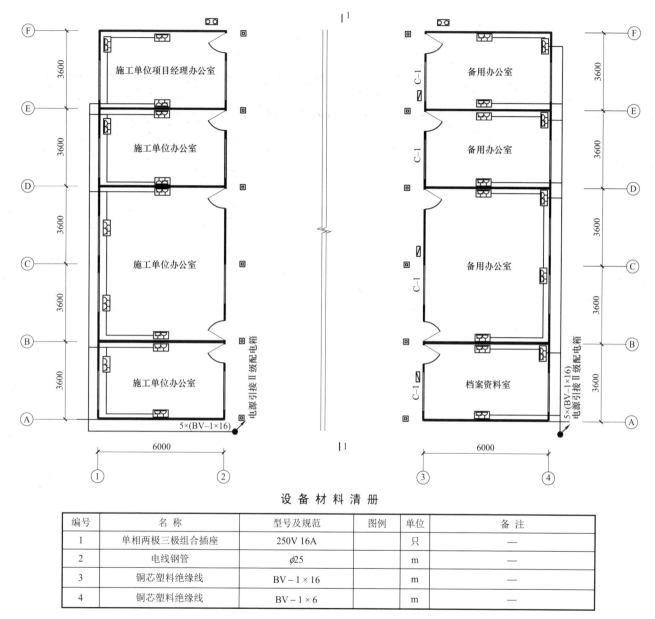

设 备 材 料 清 册

编号	名　称	型号及规范	图例	单位	备　注
1	单相两极三极组合插座	250V 16A		只	—
2	电线钢管	$\phi25$		m	—
3	铜芯塑料绝缘线	BV－1×16		m	—
4	铜芯塑料绝缘线	BV－1×6		m	—

图1-31　办公区域办公室插座配置图

第 2 章

材料加工区模块化设计

2.1 材料加工区布置原则及模块划分 》》

一、材料加工区布置原则

材料加工区的选址要有利于材料的进出和存放，地面应采取硬化措施，场地内应设置排水沟及集水井，确保地面通行平稳、无积水。模块功能划分应满足施工需求，符合防火、防雨、防盗的要求，做到"布局合理、运输畅通、位置适当、安全可靠"。

二、材料加工区模块划分

材料加工区主要划分为9个典型模块：钢筋加工棚、钢筋堆放棚、焊接加工棚、木工加工棚、砂石料堆场、库房、搅拌区（含搅拌棚）、危险品库房、临时材料堆放区。

（1）钢筋加工棚、钢筋堆放棚和木工加工棚的尺寸一致，均为12m×10m，但钢筋堆放棚为可移动式，地面布置有轨道，利用轨道将棚体移至一侧后，方便钢筋吊装。

（2）钢筋加工区与钢筋堆放区相邻布置，砂石料堆场与搅拌区相邻布置，避免施工材料长距离运输。

（3）焊接加工棚应采用防火材料搭设，焊接时应采用三面遮挡遮光棚，棚内保持通风。

（4）木工加工棚内应配备护目镜、口罩及降尘设施，应特别注意消防管理。

（5）砂石料堆场各类原材料应分类堆放，设置材料标识牌并采取防潮措施。

（6）库房包括值班室、仓库、现场应急物资仓库、机电水电仓库和标准养护室。库房为板房结构，内有货架。水泥仓库靠近搅拌区，方便材料的运输，库房内地面架空高度不小于0.3m，防止受潮。

（7）库房内应按照计量检测类、安全工器具类、应急物资类、消耗品类等分区摆放。

（8）混凝土搅拌区设置两级废水沉淀池，水泥砂浆搅拌处应设置灰槽，防止水泥砂浆直接落地，造成地面污染。

（9）危险品库房为砖墙墙体，彩钢板屋面，包括氧气库、汽柴油库、油漆库和乙炔库，其中氧气库远离其他三库布置，库房外应张贴管理规定及危险品安全标识牌，并配备充足的消防器材，危险品库房与其他临建用房应至少保持30m间距，选址综合考虑征地大小、施工便利、安全可靠等因素。

（10）临时材料堆放区设置成品堆放区，树立区域指示牌，做到各类成品规范化管理。

（11）加工区应设置机械设备安全操作规程、机械设备状态牌及安全警示标志牌，消防设置应满足建设工程施工现场消防安全技术规范，临时用电布设应严格遵照施工方案。

（12）材料加工区地坪硬化前应提前敷设接地网，并根据场地内配备箱的用电设备布置提前预留引上接地端。

三、图牌标识

（1）堆放材料应设置材料标识牌，分完好合格品、不合格品两种状态牌。材料标识牌用硬插杆设置在材料的正前方，同一材料堆场的标识牌设置应同一高度、同一轴线、同一方向，整齐美观。

（2）施工机械设备上应挂设状态牌，用于表明施工机械识别状态，分"完好机械""待修机械"和"在修机械"牌。

（3）加工区各棚棚顶正面居中位置标注区域名称，名称两侧为各加工区域相应警示标志，棚顶两侧为宣传标语，棚顶背面不设置任何标识。

2.2　材料加工区总平面布置 》

图 2-1 为材料加工区平面布置图，施工时可根据场地条件灵活调整，相关消防和环保要求与工程所在地法规存在冲突时，参照当地法规执行。材料加工区效果图如图 2-2 所示。

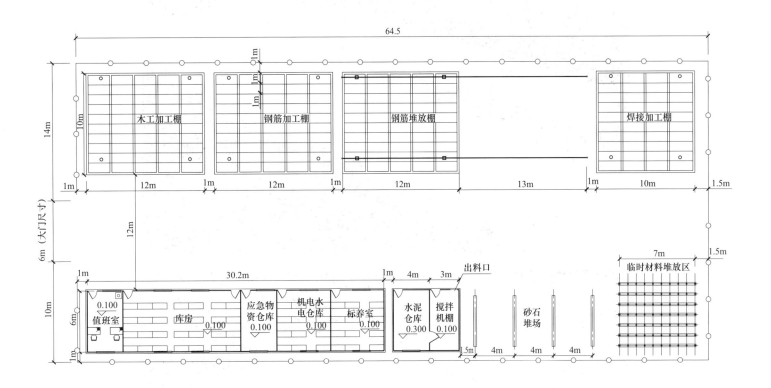

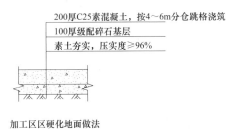

图 2-1 材料加工区平面布置图

图2-2　材料加工区效果图

　变电站工程现场临时设施设计及安全文明施工图册

2.3 焊接加工棚典型设计 》》

　　焊接加工棚位于材料加工区最内侧，远离木工作业区域，周边不得有易燃易爆的危险品，配备充足消防器材。棚内焊接设备各部分的接线连接处无破损，接地线安装牢固。焊接加工棚施工图如图2-3所示。焊接加工棚示意及效果图如图2-4所示。

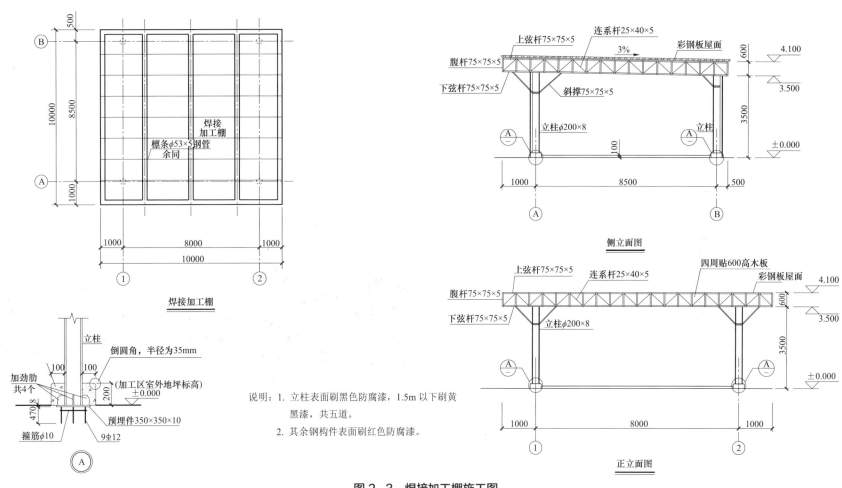

说明：1. 立柱表面刷黑色防腐漆，1.5m以下刷黄黑漆，共五道。
　　　 2. 其余钢构件表面刷红色防腐漆。

图2-3　焊接加工棚施工图

■ 正面示意图（10000×600）国网绿底色C：100 M：5 Y：50 K：40

字体：方正大黑　字号：1200pt　左右、水平居中
字体颜色：C：0 M：0 Y：0 K：0

单位：mm

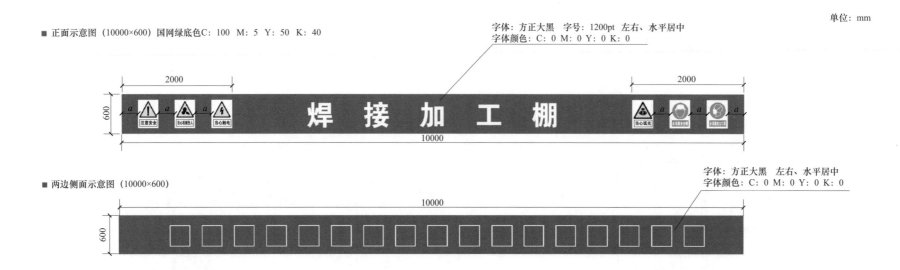

■ 两边侧面示意图（10000×600）

字体：方正大黑　左右、水平居中
字体颜色：C：0 M：0 Y：0 K：0

■ 立柱示意图

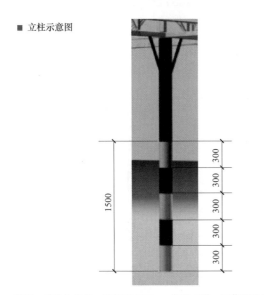

说明：柱身为黑色，距地面1500mm起分5道，以黄黑区分。

■ 效果图

棚顶正面为名称、警示标志，两侧为企业宣传和安全质量宣传标语，标语内容须经公司安全质量和技术管理职能部门同意后使用。

图2-4　焊接加工棚示意及效果图

木工加工棚及钢筋加工棚施工图如图 2-5 所示。木工加工棚及钢筋加工棚的示意图及效果图分别如图 2-6 和图 2-7 所示。

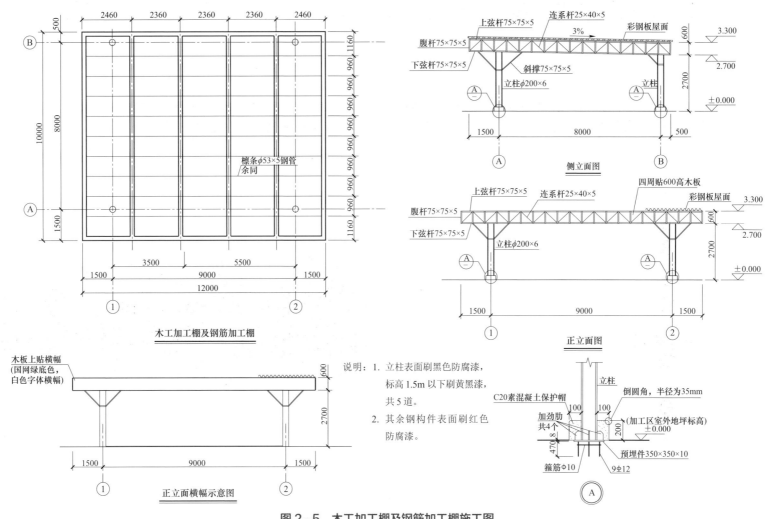

图 2-5　木工加工棚及钢筋加工棚施工图

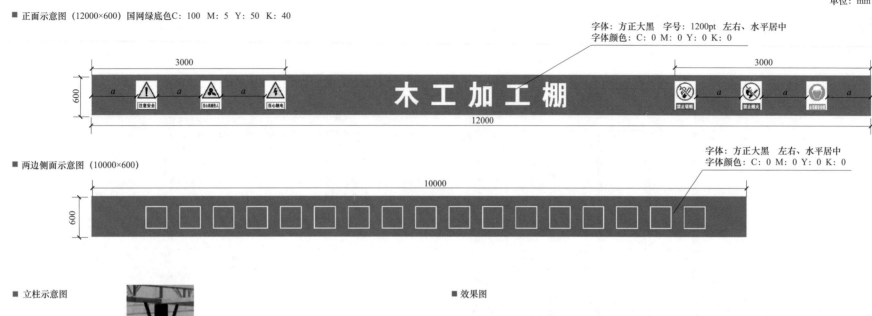

単位：mm

■ 正面示意图（12000×600）国网绿底色C：100 M：5 Y：50 K：40

字体：方正大黑 字号：1200pt 左右、水平居中
字体颜色：C：0 M：0 Y：0 K：0

3000

600

a a a

木工加工棚

3000

a a a

12000

■ 两边侧面示意图（10000×600）

字体：方正大黑 左右、水平居中
字体颜色：C：0 M：0 Y：0 K：0

10000

600

■ 立柱示意图

1500

300
300
300
300
300

说明：柱身为黑色，距地面1500mm起分5道，以黄黑区分。

■ 效果图

棚顶正面为名称、警示标志，两侧为企业宣传和安全质量宣传标语，标语内容须经公司安全质量和技术管理职能部门同意后使用。

图2-6 木工加工棚示意图及效果图

单位：mm

■ 正面示意图（12000×600）国网绿底色C：100 M：5 Y：50 K：40

字体：方正大黑 字号：1200pt 左右、水平居中
字体颜色：C：0 M：0 Y：0 K：0

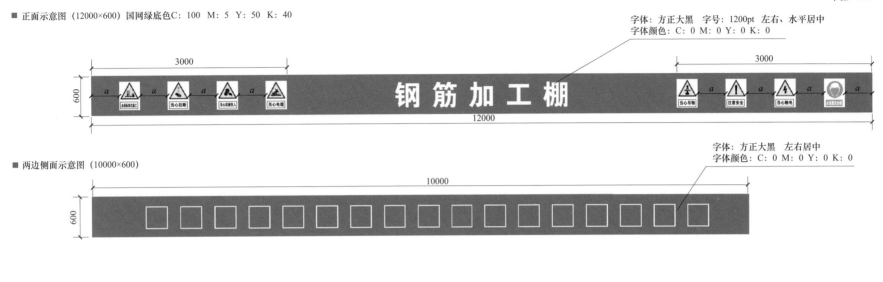

■ 两边侧面示意图（10000×600）

字体：方正大黑 左右居中
字体颜色：C：0 M：0 Y：0 K：0

■ 立柱示意图

说明：柱身为黑色，距地面1500mm起分5道，以黄黑区分。

■ 效果图

棚顶正面为名称、警示标志，两侧为企业宣传和安全质量宣传标语，标语内容须经公司安全质量和技术管理职能部门同意后使用。

图2-7 钢筋加工棚示意图及效果图

钢筋堆放棚施工图如图2-8所示。钢筋堆放棚支墩详图及正立面横幅示意图如图2-9所示。钢筋堆放棚示意图及效果图如图2-10所示。

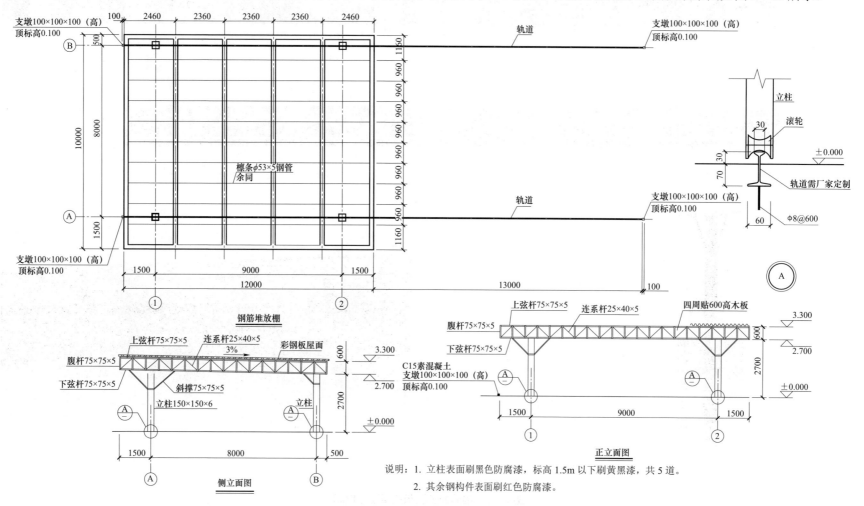

说明：1. 立柱表面刷黑色防腐漆，标高1.5m以下刷黄黑漆，共5道。

2. 其余钢构件表面刷红色防腐漆。

图2-8　钢筋堆放棚施工图

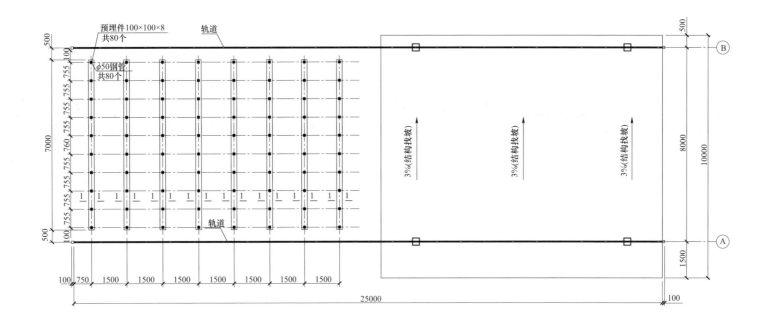

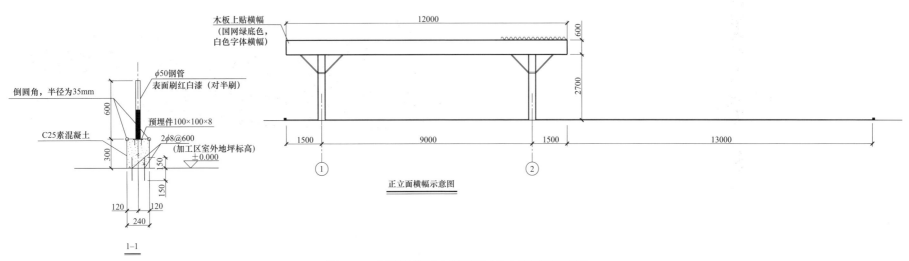

图 2-9 钢筋堆放棚支墩详图及正立面横幅示意图

单位：mm

■ 正面示意图（12000×600）国网绿底色C：100 M：5 Y：50 K：40

字体：方正大黑 字号：1200pt 左右、水平居中
字体颜色：C：0 M：0 Y：0 K：0

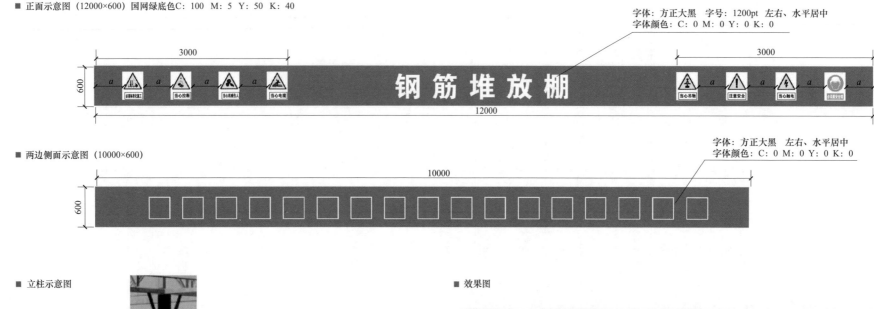

■ 两边侧面示意图（10000×600）

字体：方正大黑 左右、水平居中
字体颜色：C：0 M：0 Y：0 K：0

■ 立柱示意图

说明：柱身为黑色，距地面1500mm起分5道，以黄黑区分。

■ 效果图

棚顶正面为名称、警示标志，两侧为企业宣传和安全质量宣传标语，标语内容须经公司安全质量和技术管理职能部门同意后使用。

图 2-10　钢筋堆放棚示意图及效果图

混凝土搅拌区标牌示意图及效果图如图 2-11 所示。

■ **正面标牌示意图** 国网绿底色C: 100 M: 5 Y: 50 K: 40

字体: 方正大黑 字号: 1200pt 左右、水平居中
字体颜色: C: 0 M: 0 Y: 0 K: 0

搅 拌 棚

■ **效果图**

说明: 1. 为方便施工,混凝土搅拌棚与水泥库房宜联合设置,各施工现场可根据实际灵活调整。

2. 搅拌棚内应悬挂机械设备操作规程、混凝土或砂浆配合比图牌,并配置磅秤等必要计量器具。

3. 袋装水泥堆放的地面应垫平,架空垫起不小于 0.3m,堆放高度不宜超过 10 包;临时露天堆放时,应用防雨篷布遮盖。

4. 搅拌机安装完应将轮胎卸下,固定牢固且接地良好。

图 2-11　混凝土搅拌区标牌示意图及效果图

2.7 加工区库房典型设计 》

　　材料加工区库房应按照不同工器具和物资的类别进行专业化管理，对计量检测类工器具、安全工器具、应急物资和常规消耗品制定不同的管理规定，在仓库内不同区域存放保管。库房内各存放区域的大小可以依据实际工程量和施工作业内容进行调整，应特别注意库房内的安全管理、消防管理和内部环境管理。材料加工区仓库布置图如图 2－12 所示。

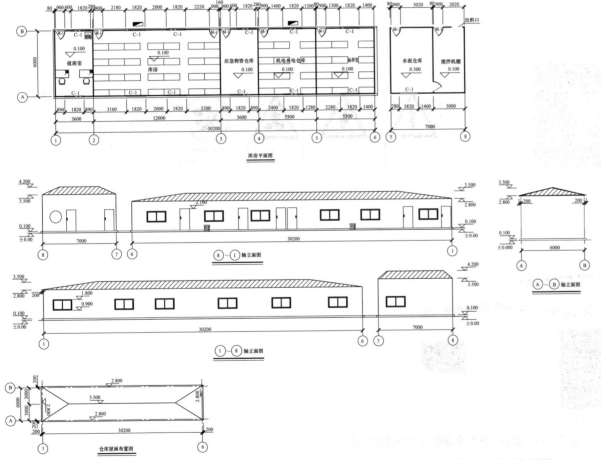

门 窗 一 览 表

名　称	编　号	长×高	备　注
门	M－1	900×2100	钢质板单开门
窗	C－1	1820×900	塑钢推拉窗

说明：1. 细石混凝土地面——苏 J01－2005 （5/3）。

　　　2. 钢质板单开门——苏 J30－2008－PSM1024。

　　　3. 铝合金推拉窗——苏 J11－2006－TLC1809。

　　　4. 板房采用 A 级阻燃性材料。

　　　5. 水泥仓库地面架空 300mm。

　　　6. 搅拌机基础高出地坪 100mm，四周做 r＝100mm 的半圆排水沟。

　　　7. 搅拌机冲洗污水需经二级沉淀。

图 2－12　材料加工区仓库布置图

2.8 砂石堆场和临时材料堆放区典型设计 》》

　　材料加工区内砂石堆场和临时材料堆放区规模依据工程需要确定，不同材料应分类堆放、严禁混放，堆放区域应有效遮挡，做好防风、防雨和消防措施。砂石料场地施工图如图 2-13 所示。临时材料堆放区施工图如图 2-14 所示。

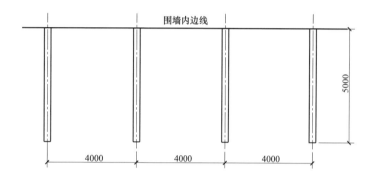

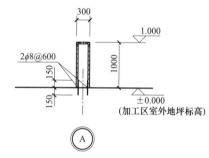

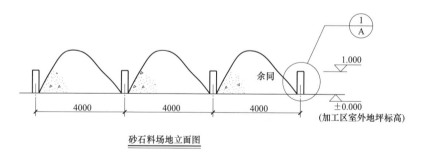

砂石料场地平面图

砂石料场地立面图

说明：1. 图中标高以 m 计，其余尺寸均以 mm 计。
　　　2. 材料：混凝土强度等级 C25，钢材：HPB300 级。
　　　3. 砂石料堆放后须覆盖防尘网。

图 2-13　砂石料场地施工图

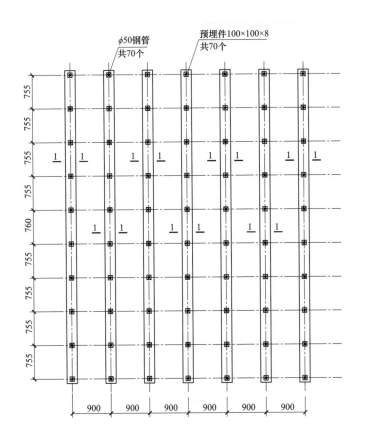

φ50钢管
共70个

预埋件100×100×8
共70个

755
755
755
755
760
755
755
755
755

1 1   1 1   1 1   1 1

1   1   1   1   1   1

900   900   900   900   900   900

临时材料堆放区

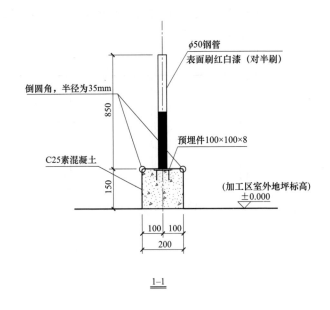

φ50钢管
表面刷红白漆（对半刷）

倒圆角，半径为35mm

850

预埋件100×100×8

C25素混凝土

150

（加工区室外地坪标高）
±0.000

100 100
200

1—1

说明：1. 图中标高以米计，其余尺寸均以毫米计。
　　　2. 材料：混凝土强度等级 C25，钢材：HPB300 级。

图2-14　临时材料堆放区施工图

变电站工程现场临时设施设计及安全文明施工图册

2.9 危险品库房典型设计 >>

危险品库房平面图如图 2−15 所示。危险品库房屋面图如图 2−16 所示。危险品库房立面图如图 2−17 和图 2−18 所示。危险品库房基础图如图 2−19 所示。危险品库房消防布置图如图 2−20 所示。危险品库房照明配置图如图 2−21 所示。

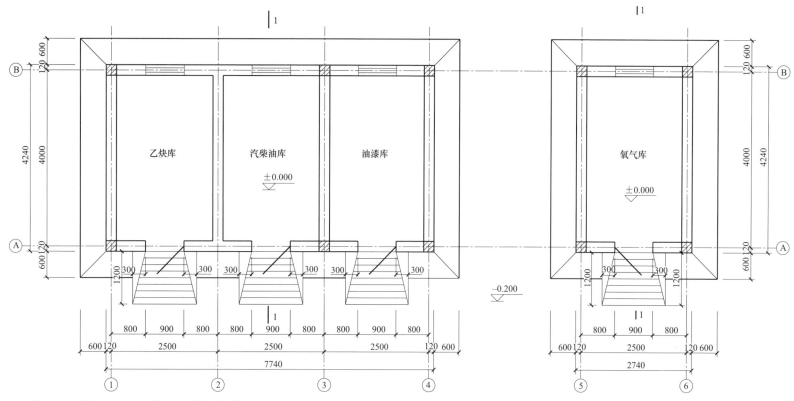

说明：1. 危险品库房采用下设百叶窗的外开钢制门。

2. 窗为 900×600 铝合金百叶窗，单位 mm。

3. 危险品库房外应配置消防砂箱、灭火器等消防设施。

4. 危险品库房门均为甲级防火门。

5. 危险品库房距离其他临时建筑不小于 30m。

6. 危险品库房地面做法参考苏 J01−2005 $\frac{5}{2}$ 。

7. 坡道做法参考苏 J01−2005 $\frac{8}{11}$ 。

8. 本图纸涉及相关消防和环保要求与工程所在地法律法规存在冲突时，按所在地规定执行。

图 2−15 危险品库房平面图

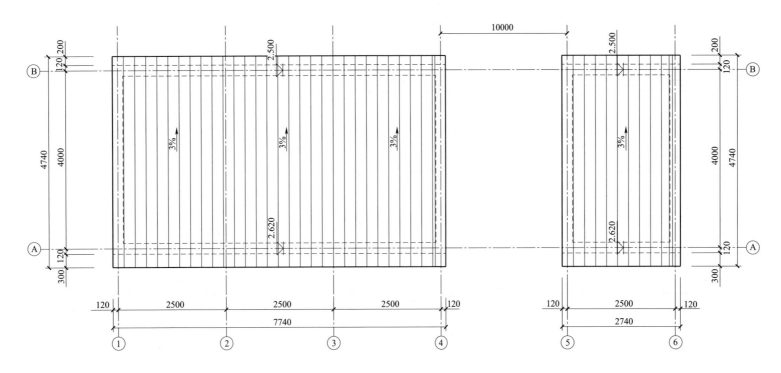

说明：1. 屋面采用彩钢夹芯板。

2. 本图纸涉及相关消防和环保要求与工程所在地法律法规存在冲突时，按所在地规定执行。

图 2-16　危险品库房屋面图

变电站工程现场临时设施设计及安全文明施工图册

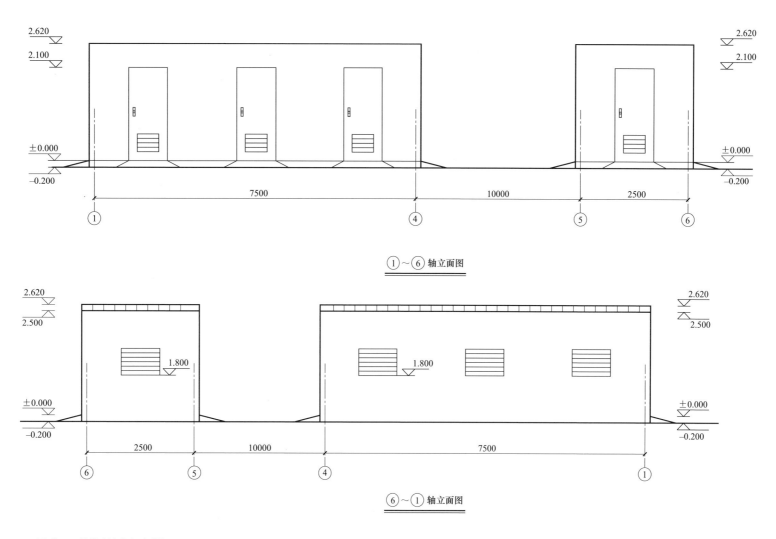

①~⑥轴立面图

⑥~①轴立面图

说明：1. 外墙为清水灰砂砖墙。

2. 本图纸涉及相关消防和环保要求与工程所在地法律法规存在冲突时，按所在地规定执行。

图 2-17　危险品库房立面图（一）

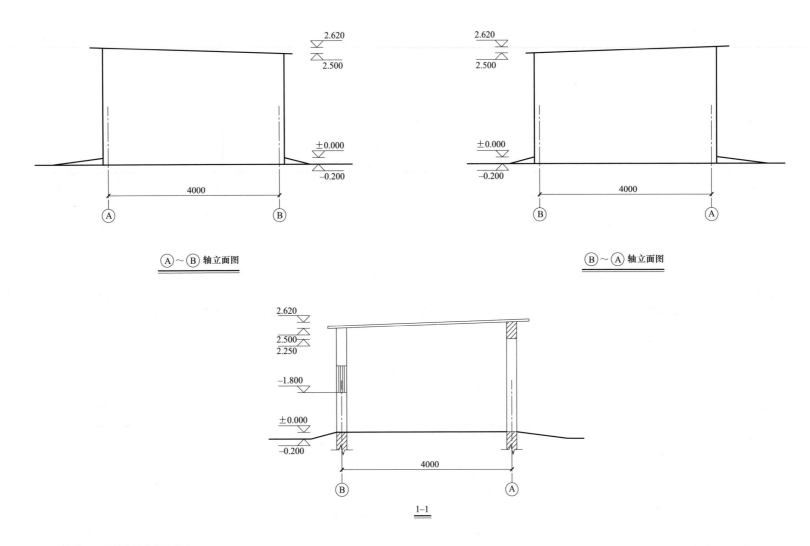

$Ⓐ$～$Ⓑ$轴立面图

$Ⓑ$～$Ⓐ$轴立面图

1-1

说明： 1. 外墙为清水灰砂砖墙。

2. 本图纸涉及相关消防和环保要求与工程所在地法律法规存在冲突时，按所在地规定执行。

图2-18　危险品库房立面图（二）

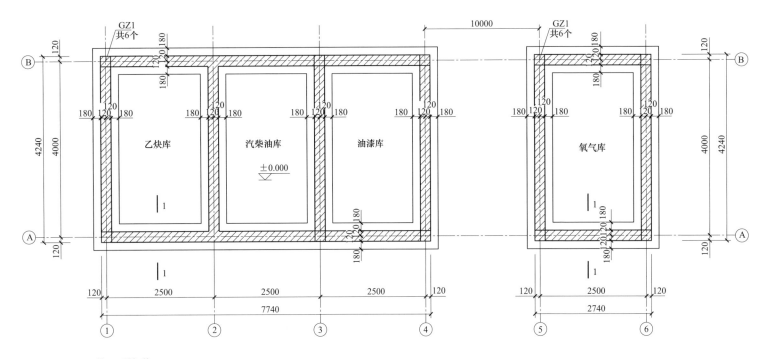

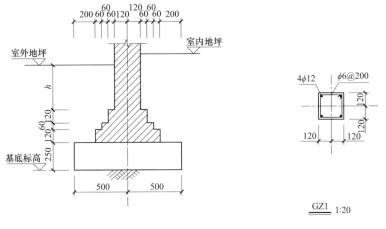

说明：1. 基础底承载力特征值 $f_{ak}=100kPa$，基础底应坐落在未经扰动的土层上，若基础底为杂填土层时，应整体全部挖除，并用 C15 素混凝土填至基底标高，或回填 1:1 砂石并分层夯实，每层厚 250mm，夯实系数为 0.96。

2. 基础埋深根据现场实际情况确定，但至少 800mm（室外地坪以下）。

3. 砖墙为 240mm 厚 MU10 灰砂砖砌筑，M10 水泥砂浆用于地下，M7.5 混合砂浆用于地上。

4. 混凝土强度等级：C20；钢筋：HPB300。

5. 本图纸涉及相关消防和环保要求与工程所在地法律法规存在冲突时，按所在地规定执行。

GZ1 1:20

1-1

图 2-19 危险品库房基础图

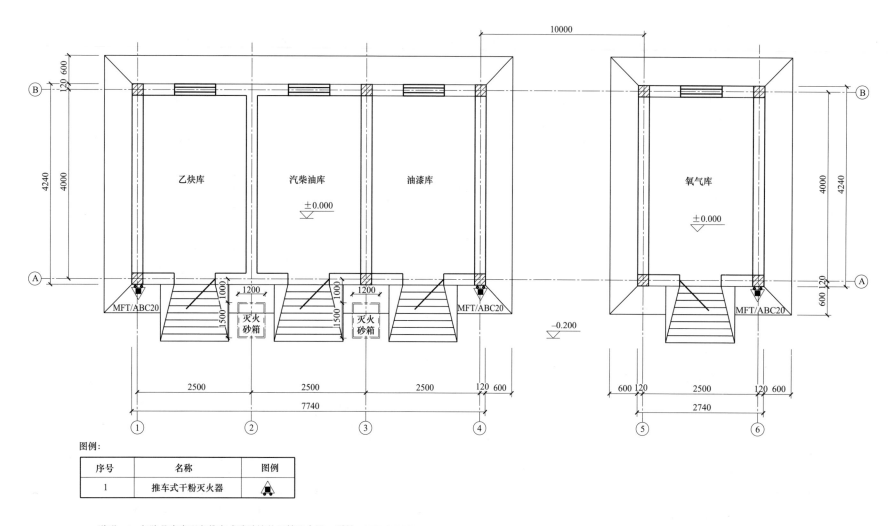

图例：

序号	名称	图例
1	推车式干粉灭火器	🔺

说明：1. 危险品库房配备推车式磷酸铵盐干粉灭火器，型号：MFT/ABC20。

2. 灭火砂箱型号 1500×1200×1000（单位：mm），配置消防锹、消防桶和消防斧各一只；灭火砂箱的放置位置可根据具体情况调整。

3. 灭火器布置符合《建筑灭火器配置设计规范》（GB 50140—2005）要求。灭火砂箱符合《电力设备典型消防规程》（DL 5027—2015）要求。

图 2-20 危险品库房消防布置图

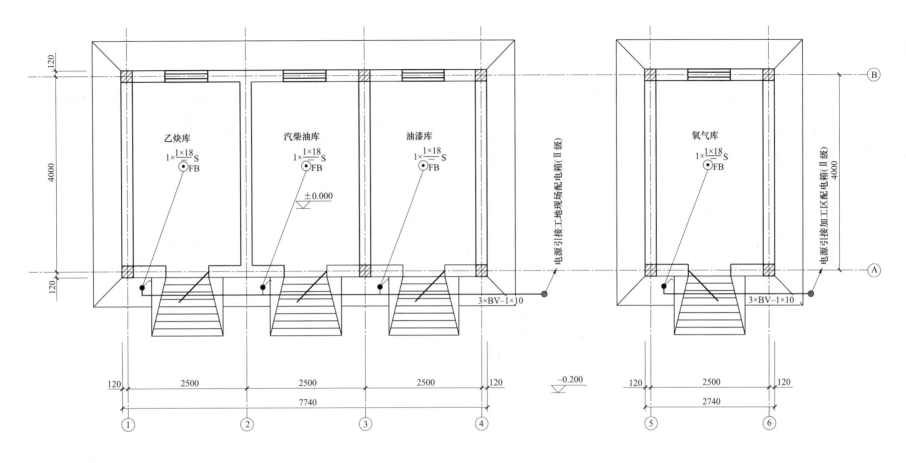

编号	名 称	型 号 及 规 范	图例	单位	数量	备 注
1	防爆荧光灯	220V 18W	⊙ FB	盏	4	—
2	双联单控开关	250V 10A		只	4	需防水
3	电线钢管	φ25		m	150	—
4	铜芯塑料绝缘线	BV–1×10		m	430	—

设 备 材 料 清 册

图 2-21 危险品库房照明配置图

第3章

生活区模块化设计

3.1 生活区布置概述 》》

一、生活区布置原则

生活区是指满足变电站工程管理人员和作业人员日常起居及休闲娱乐的区域，主要包括宿舍、餐厅、厨房、浴室、卫生间、活动场坪、绿化、水电和通信设施等。业主项目部、监理项目部生活区集中布置（可合并布置），与施工项目部生活区之间有效隔离、独立管理。下文均按照业主项目部和监理项目部合并布置描述，场地条件允许时，两者生活区也可以分开布置。

布置原则：

（1）宿舍应通风良好、整洁卫生、室温适宜。现场生活区应提供洗浴、盥洗设施和必要的文化娱乐设施。

（2）食堂应配备厨具、冰柜、消毒柜、餐桌椅等设施，做到干净整洁，符合卫生防疫及环保要求。应根据现场人员民族构成单独设立小餐桌等措施，确保少数民族员工用餐方便。炊事人员应按规定体检，并取得健康证，工作时应穿戴工作服、工作帽。

（3）考虑到各工程地形地貌以及当地气候差异，生活用房设置会有所区别。一般情况下，要求采用一层活动板房结构，屋顶为四面坡，颜色为红色。若变电站工程规模较大，施工人员较多，部分宿舍可考虑采用双层活动板房结构，以满足工人入住的需求，但应注意满足当地消防管理规定。

二、生活区典型模块划分

生活区按照具体功能划分为 6 个典型模块：厨房及餐厅、宿舍、卫生间及淋浴间、晾晒区、娱乐活动室和室外活动场。本图册中仅对厨房及餐厅、宿舍进行模块化设计，其余根据现场实际情况调整，仅给出布置原则。

（1）厨房及餐厅：现场业主项目部、监理项目部人员设置独立餐厅，与施工项目部分开就餐，可以根据需要分设大、小餐厅。

（2）宿舍：业主项目部、监理项目部和施工项目部分开布置，管理人员宿舍按照标间配备生活设施。

（3）卫生间及淋浴间：设置男女卫生间及淋浴间，配置相应的保洁器具。

（4）晾晒区：方便职工集中洗衣和晾晒。

（5）娱乐活动室：场地允许时，设置乒乓球、棋牌等娱乐活动室。

（6）室外活动场：场地允许时，建设篮球场、羽毛球场等运动场地，也可集中布置适量室外健身器械。

三、厨房及餐厅典型设计

业主项目部、监理项目部和施工项目部的厨房及餐厅分开布置，根据人员数量和功能不同，可分别设大餐厅 1 间和小餐厅 1～2 间，厨房和餐厅按照下述要求布置：

（1）地面宜用混凝土抹平拉毛，上铺地砖，加工台、操作台、洗菜池宜采用釉面白瓷砖。

（2）分熟食间、加工间、生食间、就餐间（即大小餐厅）。

（3）食堂内设消毒池一个，水池若干，蒸箱、灶台若干。

（4）配备不锈钢灶具、排气扇、消毒柜、空调、冰箱若干。

（5）餐厅配置的各类厨具用品及器具设施应干净整洁，符合卫生防疫要求。

（6）制定食堂卫生管理责任制度并上墙，厨师要有卫生防疫部门开具的健康状况证明，并将复印件贴在食堂醒目位置。

说明：施工项目部的大餐厅可以在必要时临时调整布局作为农民工夜校场地使用。

四、宿舍典型设计

职工宿舍满足项目管理人员和施工人员住宿要求，根据工程规模安排宿舍的房间数。一般情况下，每个标准板房布置 5 张床铺，床铺为上下铺时布置 4 张。管理人员宿舍统一按照标准间布置，部分宿舍可根据需要设置成双隔间式。

模块化设计中，宿舍规划应遵循以下原则：

（1）宿舍不得修建在低洼潮湿的地带和其他可能被水淹没的地带。

（2）宿舍与厨房、配电房间距离满足防火要求，宿舍的四周和道路两侧，应当设置有组织排水。

（3）宿舍应配有消防设施和工具，如水桶、手动水泵、灭火器等。

（4）床铺、桌椅统一配置，整齐有序，按需配备电脑或其他必要的文化娱乐设施。

（5）宿舍墙壁张贴"三表"，即：卫生值日表、作息时间表和安全防火检查记录表。

（6）宿舍设置垃圾箱，垃圾及时清运。

五、卫生间及淋浴间布置原则

业主项目部和监理项目部管理人员宿舍为标准间布置时，宿舍内可设独立卫生间，淋浴间在生活区集中布置；当宿舍为双隔间式时，卫生间和淋浴间均集中布置。施工项目部宿舍区卫生间和淋浴间集中布置，便于生活污水的集中处理和排放。卫生间和淋浴间室内应安装一定数量的通风口，地面统一铺设浅色瓷砖，并做好防滑措施。

卫生间下设化粪池，水箱冲水设备完好，并有保洁员冲洗，厕所内无垃圾、无异味，保持清洁。

六、洗衣晾晒区布置原则

为方便员工日常洗衣及晾晒，可在宿舍区的空余场地集中设置洗衣晾晒区，并树立区域指示牌。洗衣房宜邻近卫生间和淋浴间，以便于集中排水排污。当生活区占地面积受限时，洗衣房可以与淋浴间合并布置。

七、活动室和室外活动场布置原则

当变电站工程规模较大、参建人员较多时，可在生活区内设立 1~2 间活动室，布置乒乓球、棋牌、健身器材等设施，以满足员工的业余生活需求。在场地条件允许时，可在生活区内规划室外活动场所，修建篮球场、羽毛球场或布置室外健身器材。

3.2　业主项目部、监理项目部生活区总平面布置 ≫

业主项目部、监理项目部生活区总平面布置图如图 3-1 所示。

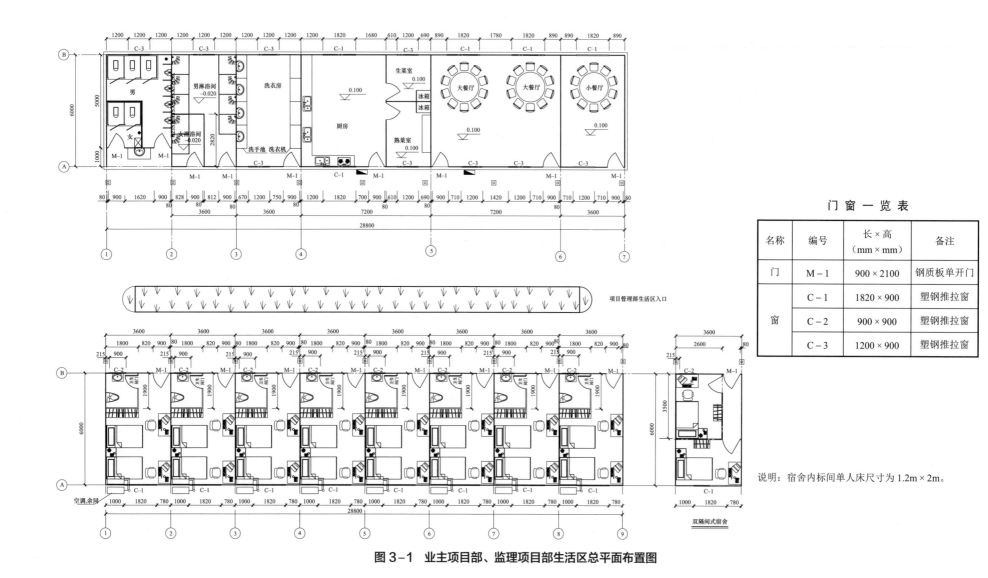

1200	1200	1200	1200

图 3-1　业主项目部、监理项目部生活区总平面布置图

门 窗 一 览 表

名称	编号	长×高 （mm×mm）	备注
门	M-1	900×2100	钢质板单开门
窗	C-1	1820×900	塑钢推拉窗
	C-2	900×900	塑钢推拉窗
	C-3	1200×900	塑钢推拉窗

说明：宿舍内标间单人床尺寸为 1.2m×2m。

3.3 业主项目部、监理项目部厨房及餐厅典型设计 》》

业主项目部、监理项目部厨房及餐厅平面图如图 3-2 所示，屋顶和侧立面图如图 3-3 所示，正立面和背立面图如图 3-4 所示。

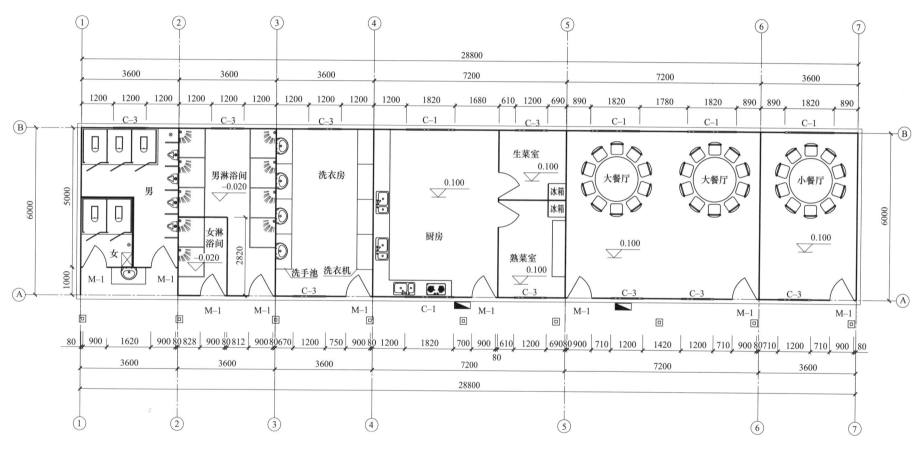

餐厅及厨房平面图

图 3-2 业主项目部、监理项目部厨房及餐厅平面图

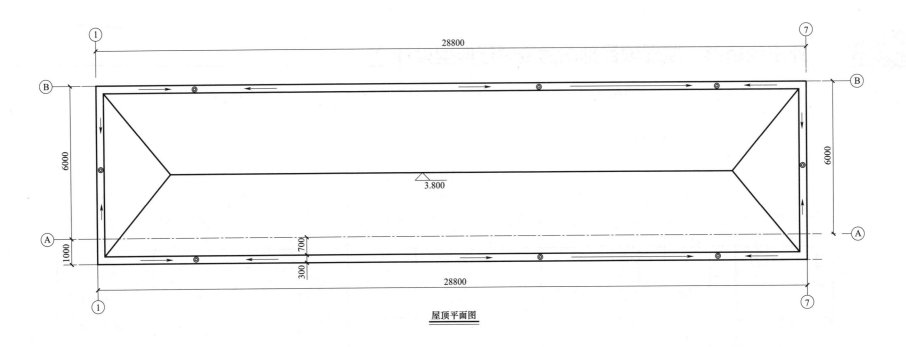

屋顶平面图

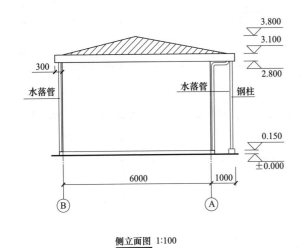

侧立面图 1:100

说明：钢柱支墩及台阶均倒圆角，圆角半径为 25mm。
　　　钢柱采用 75×75×6（厚）方管，表面刷白色防腐油漆，标高 1.5m 以下刷黄黑漆，共 5 道。

图 3-3　业主项目部、监理项目部厨房及餐厅屋顶和侧立面图

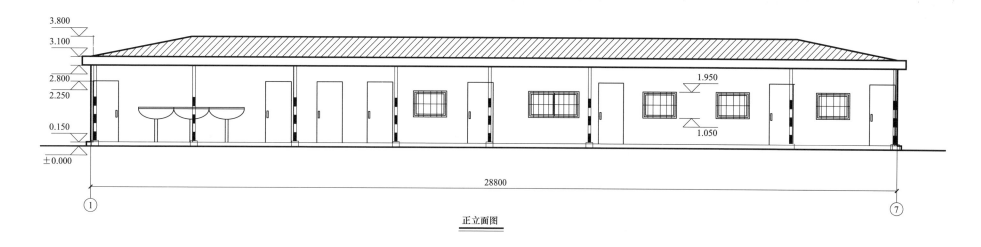

正立面图

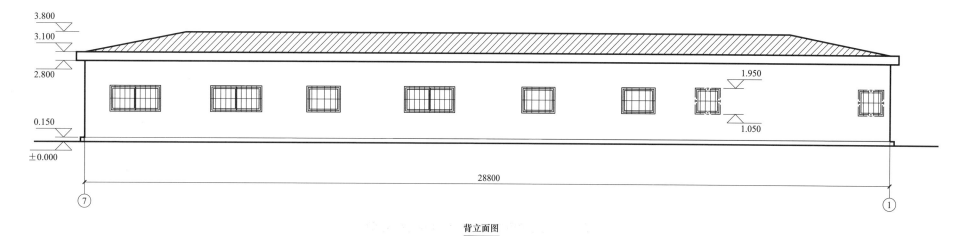

背立面图

图3-4 业主项目部、监理项目部厨房及餐厅正立面和背立面图

3.4 业主项目部、监理项目部宿舍典型设计 》

业主项目部、监理项目部宿舍平面图如图 3-5 所示，屋顶及侧立面图如图 3-6 所示，正立面及背立面图如图 3-7 所示。业主项目部、监理项目部宿舍内设不带淋浴功能的独立卫生间，宿舍区内集中布置淋浴间。采用双隔间式宿舍时，卫生间也集中布置。

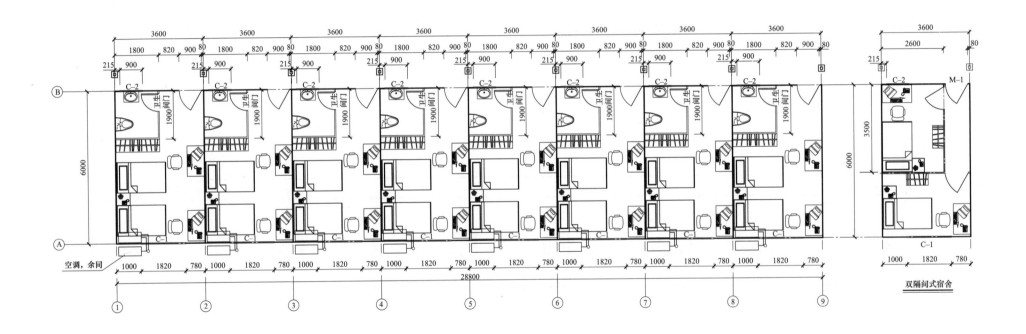

图 3-5 业主项目部、监理项目部宿舍平面图

变电站工程现场临时设施设计及安全文明施工图册

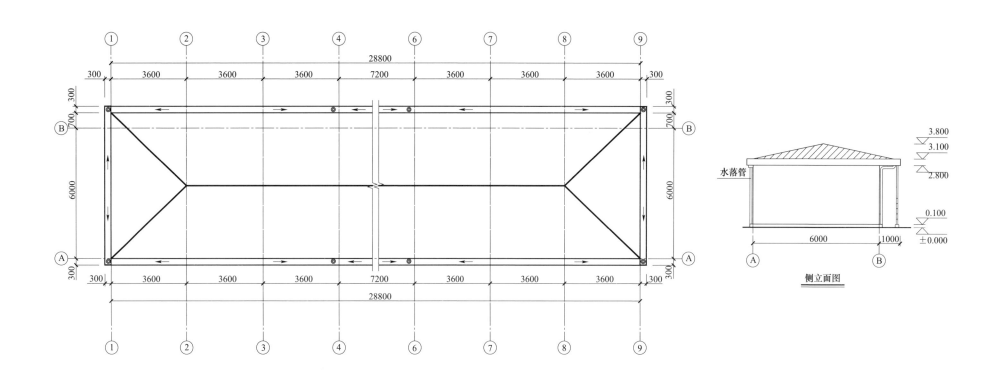

宿舍屋顶平面图

图 3-6 业主项目部、监理项目部宿舍屋顶及侧立面图

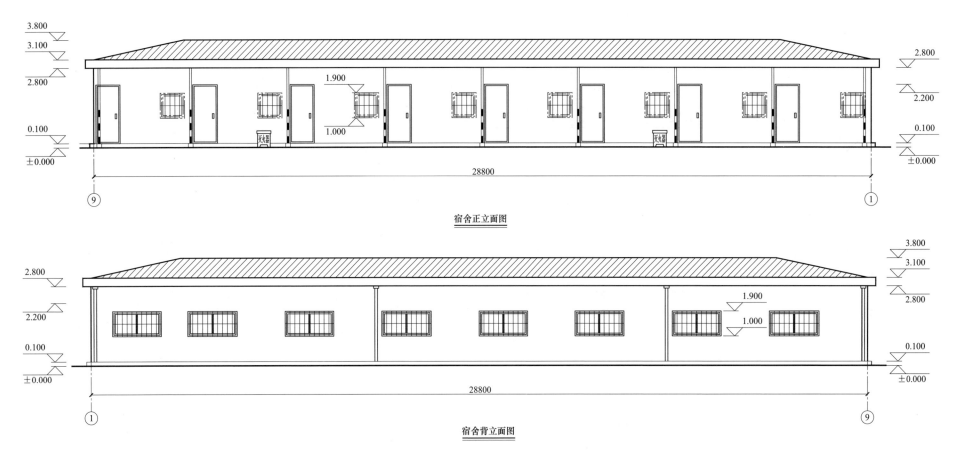

宿舍正立面图

宿舍背立面图

图 3-7 业主项目部、监理项目部宿舍正立面及背立面图

3.5 施工项目部厨房及餐厅典型设计 》》

施工项目部厨房及餐厅平面图如图3-8所示。屋顶及侧立面图如图3-9所示。正立面图及背立面图如图3-10所示。

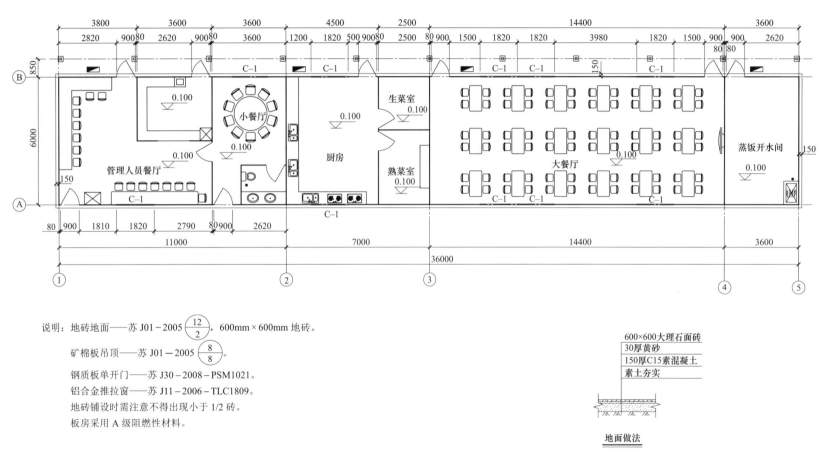

说明：地砖地面——苏 J01-2005 $\frac{12}{2}$，600mm×600mm 地砖。

矿棉板吊顶——苏 J01-2005 $\frac{8}{8}$。

钢质板单开门——苏 J30-2008-PSM1021。

铝合金推拉窗——苏 J11-2006-TLC1809。

地砖铺设时需注意不得出现小于 1/2 砖。

板房采用 A 级阻燃性材料。

600×600大理石面砖
30厚黄砂
150厚C15素混凝土
素土夯实

地面做法

图 3-8　施工项目部厨房及餐厅平面图

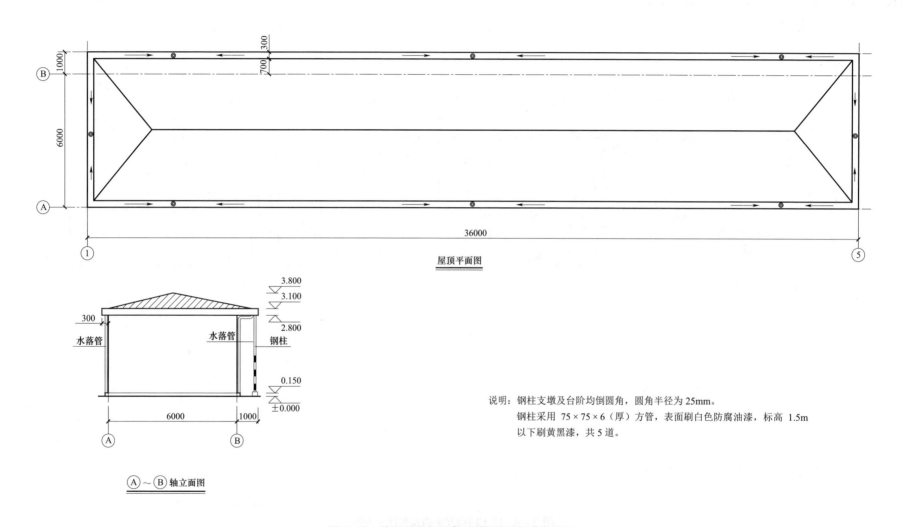

屋顶平面图

A ~ B 轴立面图

说明：钢柱支墩及台阶均倒圆角，圆角半径为 25mm。

钢柱采用 75×75×6（厚）方管，表面刷白色防腐油漆，标高 1.5m
以下刷黄黑漆，共 5 道。

图 3-9　施工项目部厨房及餐厅屋顶及侧立面图

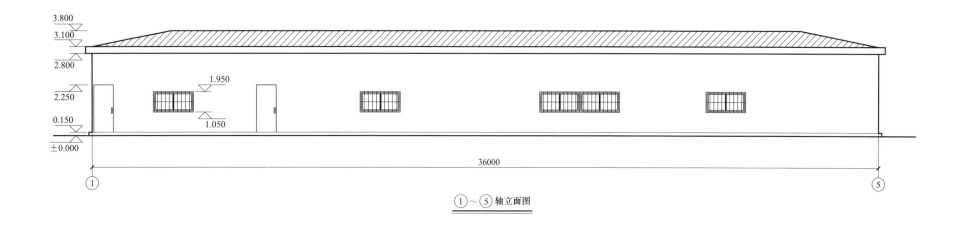

①～⑤轴立面图

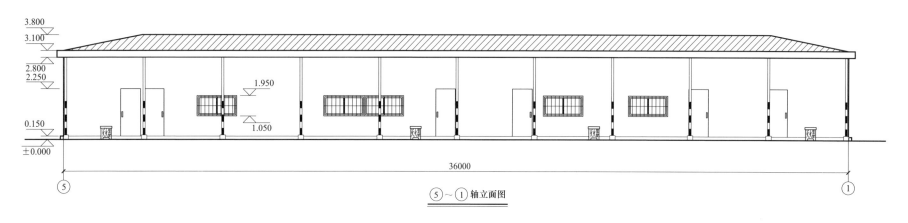

⑤～①轴立面图

图 3-10 施工项目部厨房及餐厅正立面图及背立面图

3.6 施工项目部宿舍典型设计 》》

施工项目部宿舍平面图如图 3-11 所示。屋顶平面图如图 3-12 所示。宿舍立面图如图 3-13 所示。

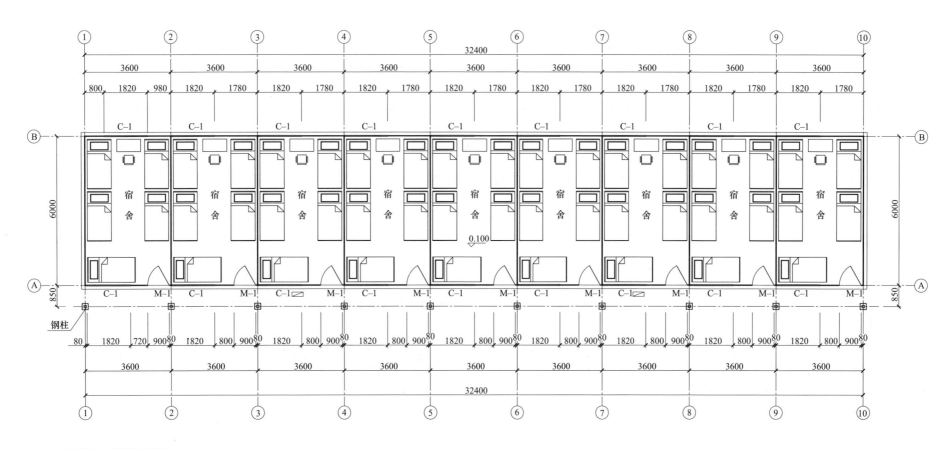

说明：1. 板房采用 A 级阻燃性材料。

2. 钢质板单开门——苏 J30-2008-PSM1021。

3. 塑钢推拉窗——苏 J11-2006-TLC1809。

4. 细石混凝土地面——苏 J01-2005 $\frac{5}{3}$。

图 3-11　施工项目部宿舍平面图

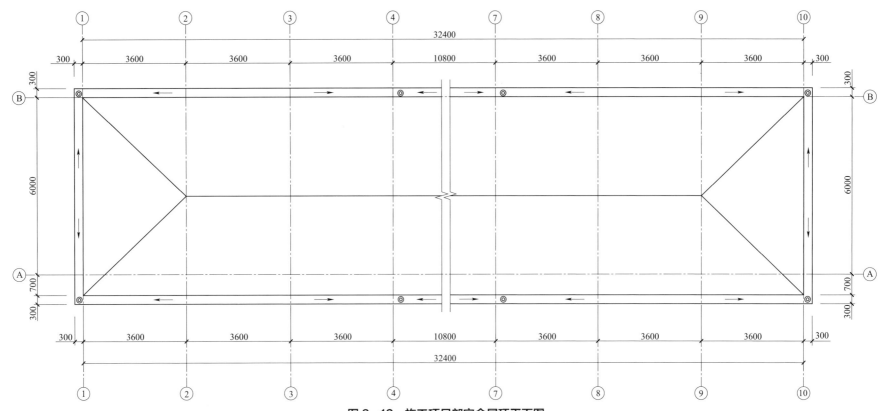

图 3-12　施工项目部宿舍屋顶平面图

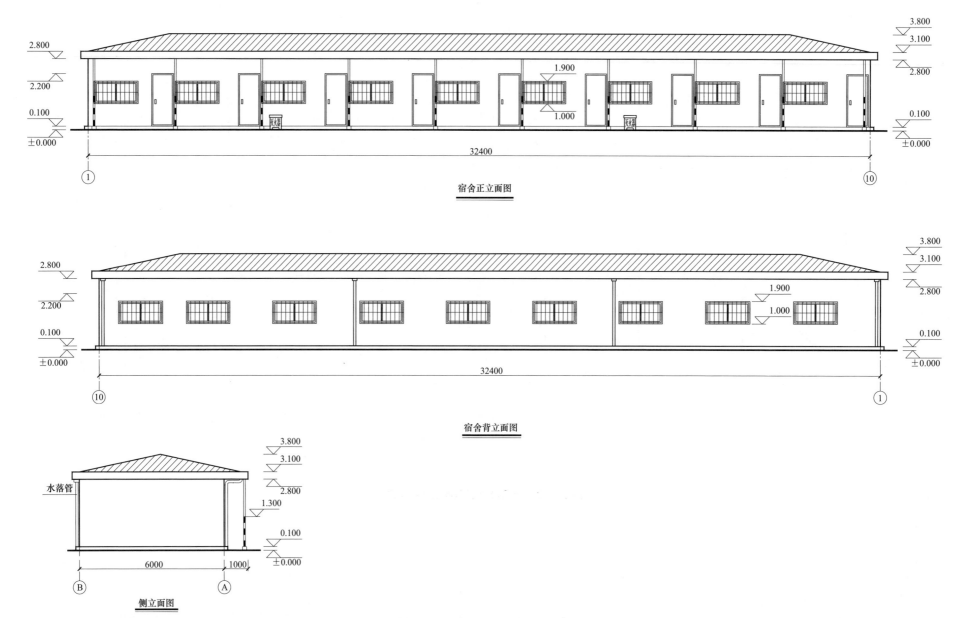

图 3-13 施工项目部宿舍立面图

变电站工程现场临时设施设计及安全文明施工图册

3.7 消防（灭火器）和给排水布置 ≫

业主项目部、监理项目部厨房及餐厅灭火器平面布置图如图 3-14 所示，给排水平面图如图 3-15 所示。施工项目部厨房及餐厅灭火器平面布置图如图 3-16 所示，给排水平面布置图如图 3-17 所示。

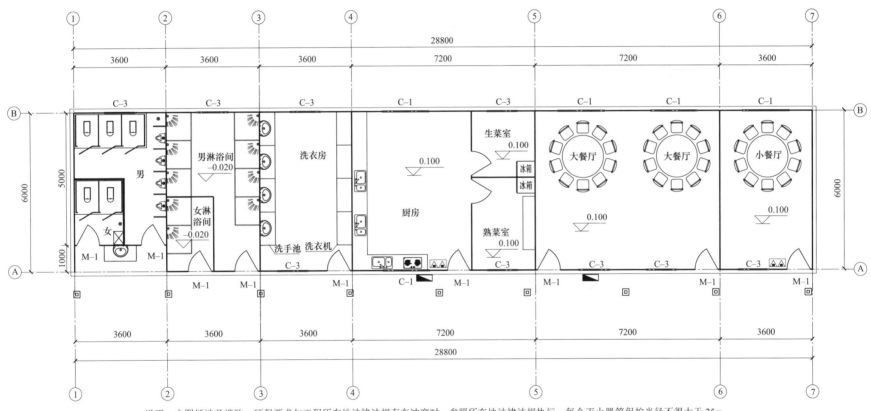

说明：本图纸涉及消防、环保要求与工程所在地法律法规存在冲突时，参照所在地法律法规执行。每个灭火器箱保护半径不得大于25m。

名称	型式及规范	材料	单位	数量	备注
磷酸铵盐干粉灭火器	MF/ABC4	碳钢	只	4	每个灭火器箱布置两支灭火器

图3-14 业主项目部、监理项目部厨房及餐厅灭火器平面布置图

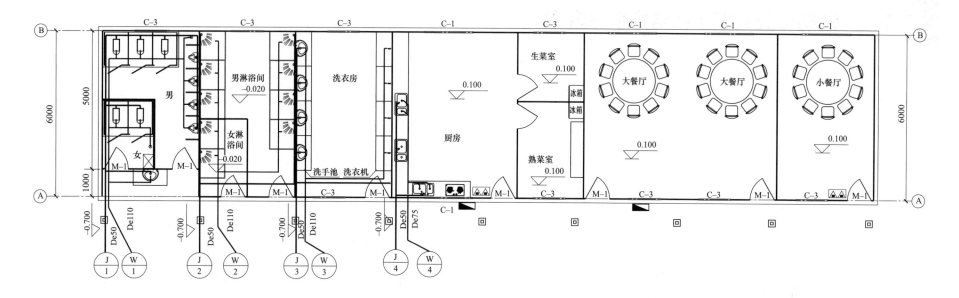

说明：本图纸涉及给排水、环保要求与工程所在地法律法规存在冲突时，参照所在地法律法规执行。

编号	名称	型式及规范	材料	单位	备注
1	给水管	De50	PP－R	m	GB/T 18742.1—2017
2	排水管	De110	UPVC	m	GB/T 5836.1—2018
3	排水管	De75	UPVC	m	GB/T 5836.1—2018
4	感应式冲洗阀蹲式大便器	包括大便器、冲洗阀等	陶瓷	只	—
5	洗脸盆	包括洗脸盆、龙头及排水栓等	陶瓷	只	—
6	洗菜盆	包括洗菜池、龙头及排水栓等	不锈钢	只	
7	感应式冲洗阀小便器	包括小便器、冲洗阀及排水栓等	陶瓷	只	—

图 3-15　业主项目部、监理项目部厨房及餐厅给排水平面布置图

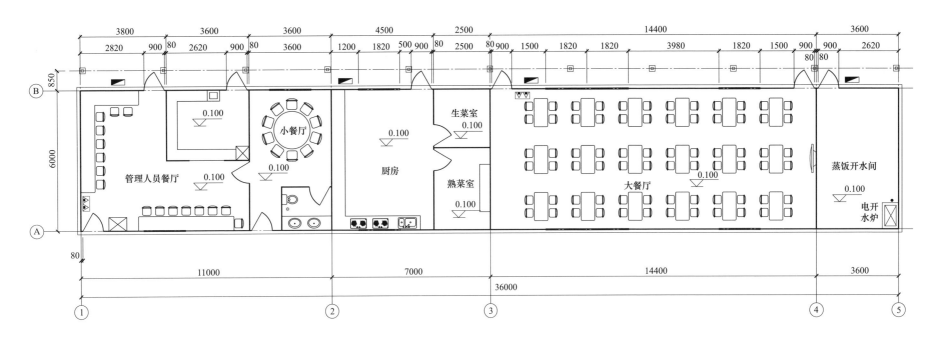

说明：本图纸涉及消防要求与工程所在地法律法规存在冲突时，参照所在地法律法规执行。

名　　称	型式及规范	材料	单位	数量	备　　注
磷酸铵盐干粉灭火器	MF/ABC4	碳钢	只	4	每个灭火器箱布置两支灭火器

图 3-16　施工项目部厨房及餐厅灭火器平面布置图

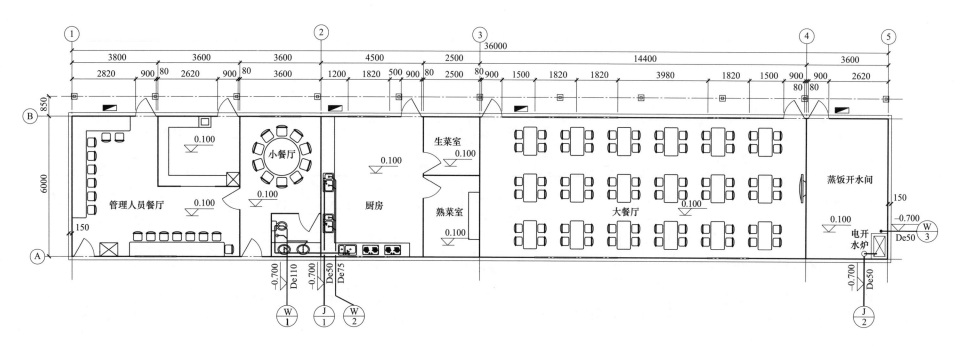

说明：本图纸涉及消防、环保要求与工程所在地法律法规存在冲突时，参照所在地法律法规执行。

编号	名称	型式及规范	材料	单位	备注
1	给水管	De50	PP－R	m	GB/T 18742.1—2017
2	排水管	De110	UPVC	m	GB/T 5836.1—2018
3	排水管	De75	UPVC	m	GB/T 5836.1—2018
4	排水管	De50	UPVC	m	GB/T 5836.1—2018
5	感应式冲洗阀蹲式大便器	包括大便器、冲洗阀等	陶瓷	只	—
6	洗脸盆	包括洗脸盆、龙头及排水栓等	陶瓷	只	—
7	洗菜盆	包括洗菜池、龙头及排水栓等	不锈钢	只	—

图 3-17　施工项目部厨房及餐厅灭火器和给排水平面布置图

3.8 用电布置 ≫

业主项目部、监理项目部宿舍配电箱布置图如图3-18所示，厨房及餐厅配电箱布置图如图3-19所示。施工项目部厨房及餐厅配电箱布置图如图3-20所示，宿舍配电箱布置图如图3-21所示。

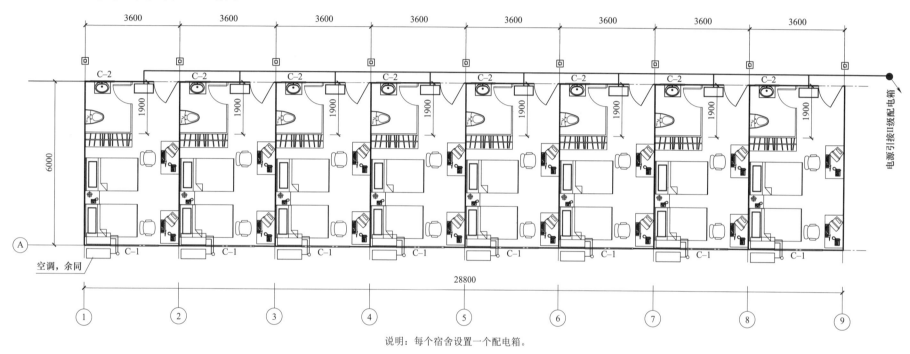

说明：每个宿舍设置一个配电箱。

设 备 材 料 清 册

编号	名称	型号及规范	图例	单位	备注
1	配电箱	PZ-30	—	只	—
2	电线钢管	$\phi40$	—	m	—

图3-18　业主项目部、监理项目部宿舍配电箱布置图

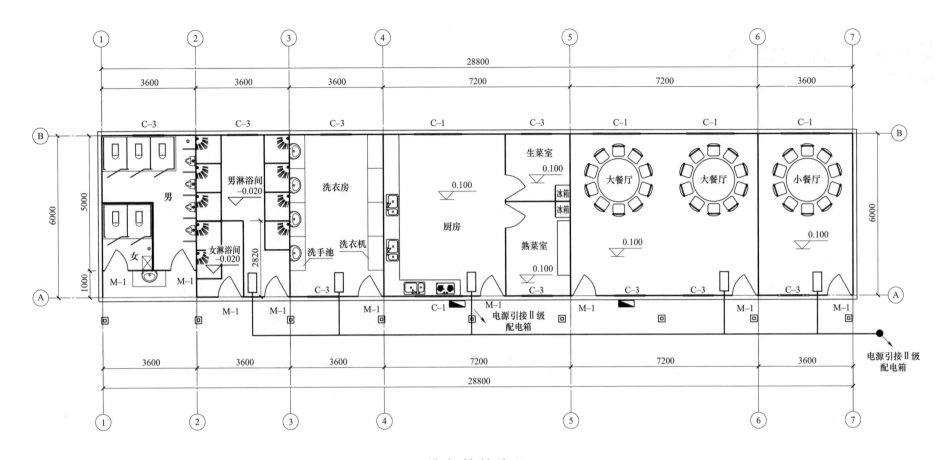

设 备 材 料 清 册

编号	名称	型号及规范	图例	单位	备注
1	配电箱	PZ-30	—	只	—
2	电线钢管	ϕ40	—	m	—

图 3-19　业主项目部、监理项目部厨房及餐厅配电箱布置图

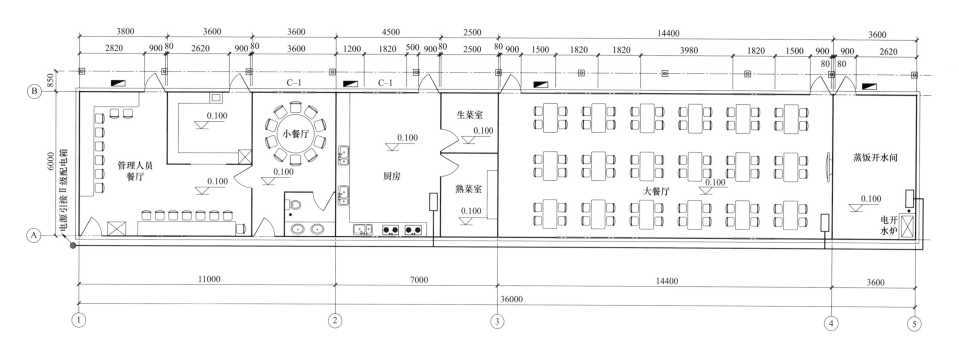

图 3-20　施工项目部厨房及餐厅配电箱布置图

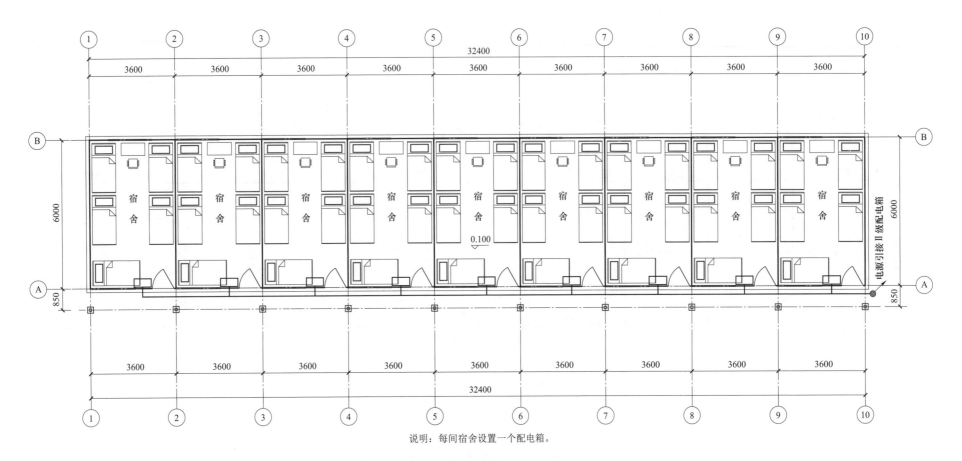

说明：每间宿舍设置一个配电箱。

设 备 材 料 清 册

编号	名称	型号及规范	图例	单位	备注
1	配电箱	PZ－30	—	只	—
2	电线钢管	$\phi40$	—	m	—

图 3-21 施工项目部宿舍配电箱布置图

第4章
公共区域模块化设计

4.1 公共区域模块概述 》

一、公共模块概述

变电站工程现场临时设施按功能划分区域，各区之间应相对独立、互不干扰，区域间由道路、围栏等分隔而成。各区域统一规划布置室外宣传图牌和标识，以更好地做到工程现场的模块化、精细化管理。

公共模块主要介绍：施工场地门楼、现场图牌和冲洗平台等。

二、公共模块划分

（1）门楼总体设计力求简洁、醒目，采用钢构架型式，门楼门洞内侧宽、高分别为 6.8m 和 5.5m，上部门头高 1.1m，门楼结构包覆国网绿铝塑板，门头书写有变电站名称，两侧门柱书写宣传标语。

（2）现场图牌分为固定式和移动式，固定式尺寸（宽×高）分为 900mm×600mm 和 2400mm×1500mm 两种类型，移动式图牌尺寸（宽×高）为 600mm×900mm。

（3）临建区域道路分为混凝土面层道路和砖砌道路两种类型，混凝土道路两侧设置有组织排水，砖砌道路两侧布置有立缘石。

（4）冲洗平台四周设有排水沟，并采用两级沉淀设置，避免造成环境污染。

三、图牌重点内容

1. 四牌一图

按照《国家电网有限公司输变电工程安全文明施工标准化管理办法》要求，在进站道路两侧设置"四牌一图"，依次为工程项目概况牌、工程项目管理目标牌、工程项目建设管理责任牌、安全文明施工纪律牌和施工总平面布置图。"四牌一图"主要内容包括：

（1）"工程项目概况牌"主要展示工程项目名称及工程基本情况。

（2）"工程项目管理目标牌"主要明确项目管理目标，包括安全、质量、工期、文明施工及环境保护等内容。

（3）"工程项目建设管理责任牌"主要公示项目各参建单位及主要负责人等内容。

（4）"安全文明施工纪律牌"主要明确项目安全文明施工核心要求。

（5）"施工总平面布置图"包括办公、生活、材料加工等区域及变电站内主要功能区划分。

2. "三级及以上安全风险点分布示意图"和"变电站鸟瞰图"

为便于变电站工程建设管理，在国家电网有限公司"四牌一图"要求基础上，增加"三级及以上安全风险点分布示意图"和"变电站鸟瞰图"，直观展示站内风险点和功能区分布，因此工程类图牌一共是七块。

（1）"三级及以上安全风险点分布示意图"标注工程所有三级及以上安全风险作业点。

（2）"变电站鸟瞰图"主要展示工程建成后的效果，以及站内主要建构筑物和设备。

3. 党建图牌

除工程类图牌外，在进站道路一侧设置"国网江苏电力共产党员行为公约牌"，图牌形式详见本图册第 7 章。

4. 宣传栏

在办公区和生活区的适当位置设立宣传栏，张贴工程安全质量警示材料、新闻报刊等，供职工闲暇时阅读。

宣传栏主题包括：

（1）企业简介（参建单位企业概况、主要业绩、重要资质、发展目标等）。

（2）企业文化。

（3）公司管理制度或机制。

（4）员工守则。

（5）企业公告栏（公司各类公告、通知、表扬及批评通报、公司重要活动等）。

（6）员工天地（技术美文、工作技巧、天气预报、四季养生和生活服务常识等内容）。

4.2　门楼典型设计 》

施工场地门楼施工图如图 4-1 所示。门楼正立面、背立面横幅示意图如图 4-2 所示。门楼正面和背面示意图及效果图如图 4-3 所示。

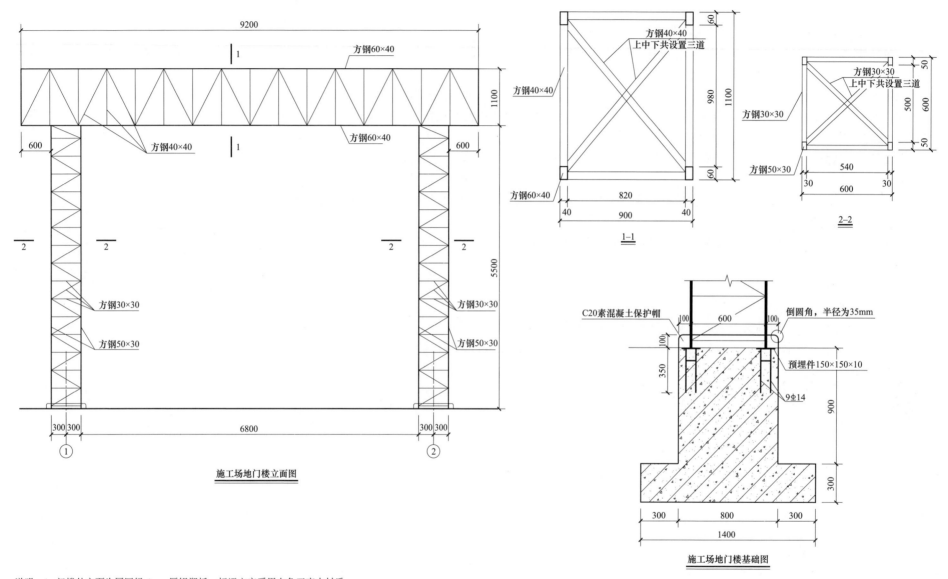

说明：1. 门楼外立面为国网绿 4mm 厚铝塑板，标语文字采用白色亚克力材质。
　　　2. 混凝土强度等级：C20，钢筋：HPB300，$f_y = 300N/mm^2$。

图 4-1　施工场地门楼施工图

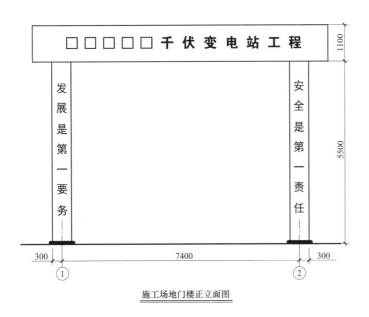

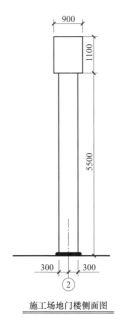

施工场地门楼正立面图

施工场地门楼侧面图

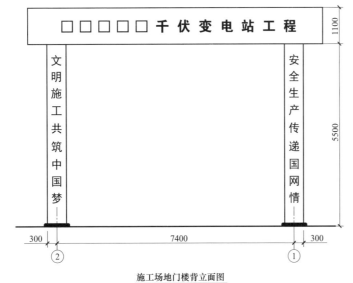

施工场地门楼背立面图

说明：1. 门楼外立面为国网绿 4mm 厚铝塑板，标语文字采用白色亚克力材质。
2. 标语内容按照效果图执行，请勿更换。

图 4-2　施工场地门楼正立面、背立面横幅示意图

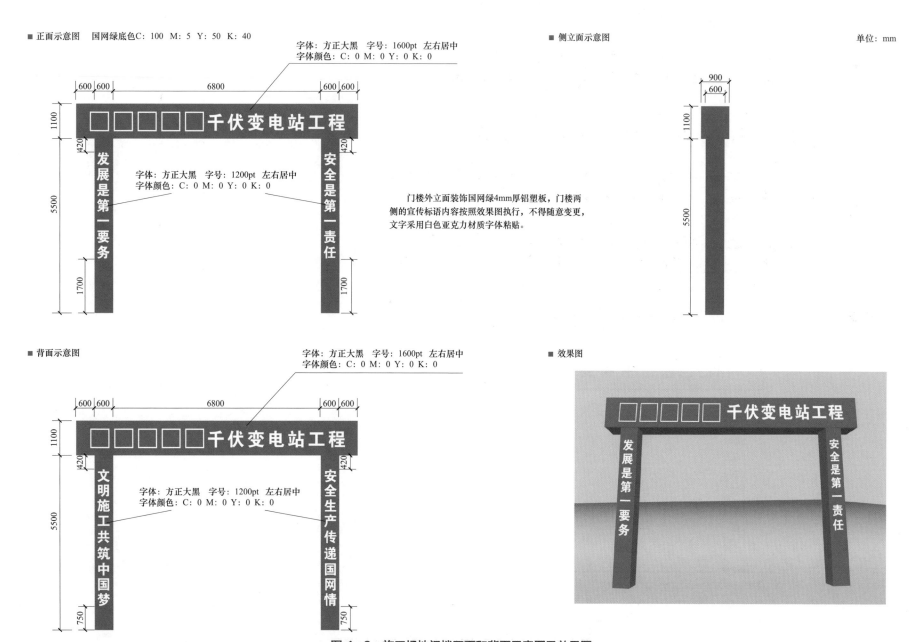

■ 正面示意图　国网绿底色C：100　M：5　Y：50　K：40

字体：方正大黑　字号：1600pt　左右居中
字体颜色：C：0 M：0 Y：0 K：0

600 600　　6800　　600 600

1100

420

5500

1700

□□□□□千伏变电站工程

发展是第一要务

安全是第一责任

字体：方正大黑　字号：1200pt　左右居中
字体颜色：C：0 M：0 Y：0 K：0

■ 侧立面示意图　　　　　　　　　单位：mm

900
600

1100

5500

门楼外立面装饰国网绿4mm厚铝塑板，门楼两侧的宣传标语内容按照效果图执行，不得随意变更，文字采用白色亚克力材质字体粘贴。

■ 背面示意图

字体：方正大黑　字号：1600pt　左右居中
字体颜色：C：0 M：0 Y：0 K：0

600 600　　6800　　600 600

1100

420

5500

750

□□□□□千伏变电站工程

文明施工共筑中国梦

安全生产传递国网情

字体：方正大黑　字号：1200pt　左右居中
字体颜色：C：0 M：0 Y：0 K：0

■ 效果图

图4-3　施工场地门楼正面和背面示意图及效果图

4.3 人员、车辆进出管理系统典型设计 》

人员、车辆进出管理系统效果图如图 4-4 和图 4-5 所示。

图 4-4 人员、车辆进出管理系统效果图布局方式（一）

图4-5　人员、车辆进出管理系统效果图布局方式（二）

4.4 现场图牌典型设计 》》

典型现场图牌示意图如图4-6所示，落款为"×××工程业主项目部"。

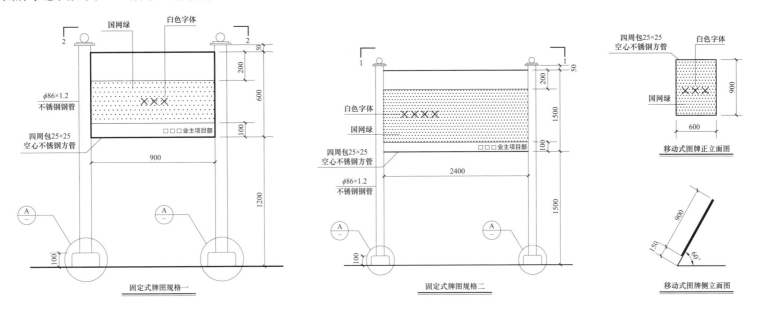

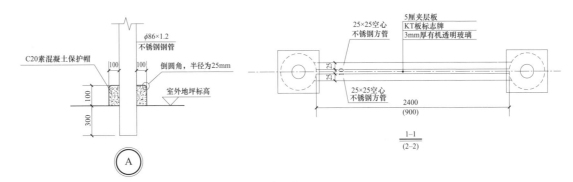

说明：图牌以国网绿为基色，字体白色。

图4-6 典型现场图牌示意图

道路和户外地面施工图如图4-7所示。

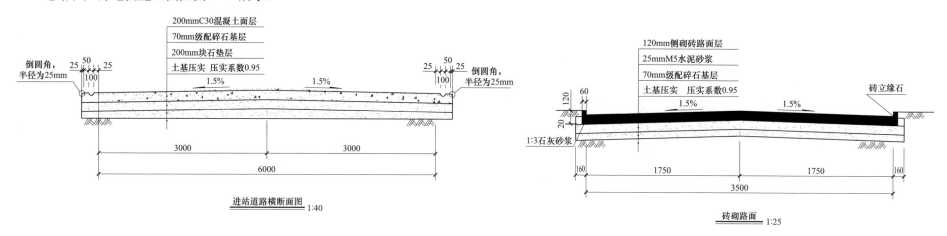

进站道路横断面图 1:40

砖砌路面 1:25

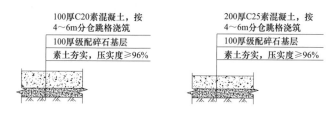

办公区硬化地面做法

说明：1. 道路施工需配合电缆敷设图进行预埋管敷设。

2. 级配碎石应分层压实，每层厚度不超过25cm，压实系数不小于0.94。

3. 施工时应严格执行《公路路基施工技术规范》（JTG/T 3610—2019）、《公路路面基层施工技术细则》（JTG/T F20—2015）等有关标准规范。

4. 进站道路站内部分及站外部分为混凝土路面，宽度为6m，设纵向和横向缩缝，横向缩缝间距为4m。

图4-7 道路和户外地面施工图

4.6 冲洗平台和沉淀池典型设计 》》

冲洗平台和沉淀池施工图如图4-8所示。

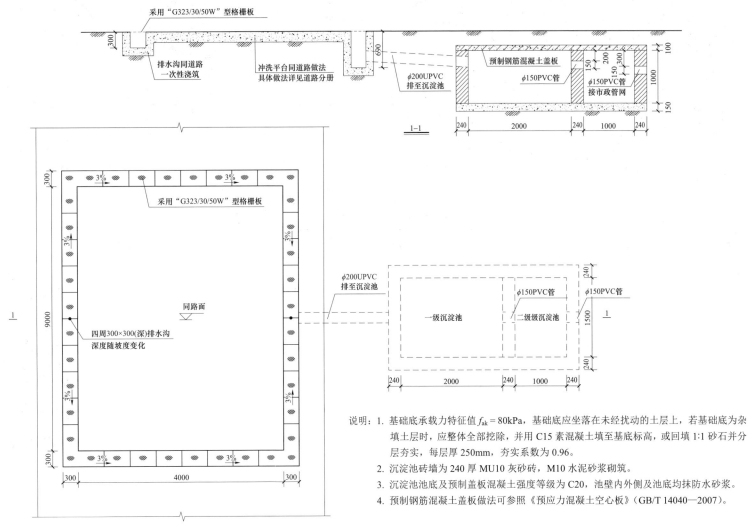

图 4-8　冲洗平台和沉淀池施工图

说明：1. 基础底承载力特征值 $f_{ak}=80kPa$，基础底应坐落在未经扰动的土层上，若基础底为杂填土层时，应整体全部挖除，并用 C15 素混凝土填至基底标高，或回填 1:1 砂石并分层夯实，每层厚 250mm，夯实系数为 0.96。

2. 沉淀池砖墙为 240 厚 MU10 灰砂砖，M10 水泥砂浆砌筑。

3. 沉淀池池底及预制盖板混凝土强度等级为 C20，池壁内外侧及池底均抹防水砂浆。

4. 预制钢筋混凝土盖板做法可参照《预应力混凝土空心板》（GB/T 14040—2007）。

第5章
模块化设计和文明施工示意

5.1　简述 》

　　工程现场实行区域模块化管理，按功能将现场区域划分为：进站道路及大门区域、办公区、材料加工区、生活区、施工区和设备材料堆放区等。

　　各模块区主要由围墙、环形混凝土道路、塑钢（铝合金）围栏、钢管围栏、门形组装式安全围栏和提示遮栏等分隔而成。

5.2　进站道路、大门应用示意 》

一、现场图牌布置原则

建设管理单位：国网江苏省电力有限公司建设分公司

监理单位：××咨询有限公司或××监理公司

各类图牌落款：××工程业主项目部

二、进站道路入口

　　在公路与进站道路交汇处设置醒目的"××500kV 变电站工程"方位指示牌，如图 5-1 所示。

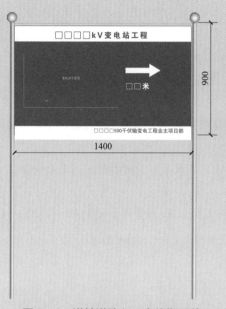

图 5-1　进站道路入口方位指示牌

图 5-2　进站道路图牌示意

三、进站道路两侧布置

◎ 工程类

在进站道路一侧依次设置工程项目概况牌、工程项目管理目标牌、工程项目建设管理责任牌、安全文明施工纪律牌、施工总平面布置图、三级及以上风险点分布示意图和变电站鸟瞰图，如图5-2所示。

大型标识牌一般设置在新建变电站大门外或项目部适宜地点，框架应为钢结构，整体结构稳定。

工程类图牌尺寸（宽×高）为2400mm×1500mm。

◎ 党建类

党建类设置"国网江苏电力共产党员行为公约牌"，彩绘底色，"公约牌"放置在工程类七块图牌之后。党建类图牌尺寸（宽×高）为 2400mm×1500mm。

◎ 车辆限速禁鸣牌

进站道路邻近大门处设立车辆限速禁鸣标识牌，按需要增设限高牌。标识牌采用铝板制作，基座用混凝土浇筑，制作尺寸如图5-3所示。

◎ 车辆冲洗平台

施工现场出入口处应设置车辆冲洗平台，如图5-4所示。冲洗平台由沉淀池、冲洗设备及电源控制箱等组成。

◎ 安全技术交底平台

应在施工现场入口区域或在作业人员上岗的必经之路旁设置安全技术交底平台，交底平台宜采用电子显示屏，电子显示屏应滚动播放当日涉及作业的安全、质量、技术要点和注意事项，如图5-5所示。

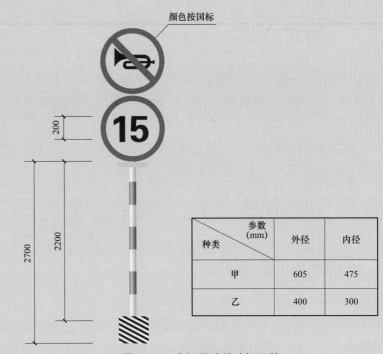

颜色按国标

参数(mm) 种类	外径	内径
甲	605	475
乙	400	300

图5-3 车辆限速禁鸣标识牌

图5-4 车辆冲洗平台

图5-5 安全技术交底平台

四、施工区域大门布置

施工区域入口大门处设置门楼、门卫值班室、人员车辆进出管理系统、安全语音提示装置、安全自查镜和警告警示类标识牌等。

◉ 门楼

门楼按图纸要求设计，门楼前方道路应设置减速带。

◉ 门卫室

门卫值班室设置在施工区进出口处，安排专人值守，张贴门卫值守管理制度，如图5-6所示。

图5-6 门卫室

◉ 人员车辆进出管理系统

人员车辆进出管理系统包括人员通道及车辆通道，分别布置人员、车辆闸机，并与工程智慧管理系统相联通；人员通道应搭建防雨棚，车辆通道的宽度以不影响工程车辆进场为宜。如图5-7所示。

图5-7 人员车辆进出管理系统

◉ 安全语音提示器及噪声、防尘监测器

在施工区入口处设置安全语音提示器及噪声、防尘监测器，如图5-8和图5-9所示。

图5-8 安全语音提示器

图5-9 噪声、防尘监测器

● 安全自查镜

在施工区入口设置安全自查镜,如图5-10所示。尺寸(宽×高)为1000mm×1600mm。

图5-10 安全自查镜

五、大门区域内侧布置

在大门内侧作业人员上岗的必经道路旁,设立安全警示警告牌、作业层

班组骨干人员公示牌、核心分包队伍公示牌、应急救援联络牌、三级及以上施工风险管控公示牌、施工作业必备条件指标执行牌和区域指示牌等。

施工现场沿主干道两侧根据需要设置其他相关内容的安全警示标识牌,如图5-11所示。标牌框架采用不锈钢结构,国网绿底色。标识牌设置高度统一、间距一致、整齐美观。

图5-11 大门区域内侧布置

● 施工区域指示牌

施工区域指示牌设置在施工现场主要路口处,如图5-12所示。

图5-12 施工区域指示牌

5.3 办公区应用示意 》

一、办公区布置要求

办公区采用活动板房形式，要求交通通行便利、水电和通信条件齐全；办公区内通过格栅式围栏形成独立区域，设立标准化布置的会议室、办公室、活动室、水冲式厕所和公告宣传栏等，区域中央设绿化花坛。各项目部办公室应张贴铭牌，标示项目部名称。办公区室外墙面挂设党建类、安全质量类宣传标语。

会议室内将项目组织机构、安全委员会、工程项目管理目标、项目部安全责任制、廉洁协议书、廉洁自律承诺书、廉洁公示以及工程施工进度横道图、变电站鸟瞰图和应急联络牌等图牌上墙。

办公室配备办公桌椅、文件柜、计算机、打印机等必要的办公设施，满足内网和外网通信要求。

办公区设置水冲式厕所，安排专人打扫，保持洁净、无异味；区域内放置若干垃圾桶和消防器材，垃圾分类管理，及时清运。

办公区建设同时应满足《施工现场临时建筑物技术规范》（JGJ/T 188—2009）的要求，规范更新后以最新为准。

二、办公区布置

办公区入口处左右两侧门柱分别悬挂业主项目部铭牌和党员责任区铭牌，如图 5-13 和图 5-14 所示。业主项目部铭牌为不锈钢拉丝风格，国网绿色字体；党员责任区铭牌采用仿铜风格，红色字体。铭牌尺寸（宽×高）均为 600mm×400mm。

各单位项目部铭牌为不锈钢拉丝风格，国网绿色字体，规格为 600mm×400mm，如图 5-15 所示。

图 5-13　业主项目部铭牌　　　图 5-14　党员责任区铭牌

● 办公室布置

办公室分为业主、监理项目部办公室和施工项目部办公室等，各办公室门口设置项目部铭牌，内部悬挂相关图牌，如图 5-16 所示。

图 5-15　各单位项目部铭牌

图 5-16　办公室布置

上墙图牌应采用国网绿作为底色，字体白色。字体大小根据图牌尺寸和文字内容合理排版，要求美观、清晰。悬挂位置应根据房间实际大小和布局确定，高度应统一。

◎ 会议室

办公区会议室配备会议桌椅和会议系统，满足 50 人及以上会议规模需要，会议室内工程管理图牌上墙规范，如图 5-17 所示。

图 5-17　会议室布置

◎ 党员活动室

现场设立党员活动室，供一线党员开展组织生活和专题活动使用，如图 5-18 所示。现场架设有工程智慧管理系统项目，党员活动室可兼做监控大厅使用。

图 5-18　党员活动室

◎ 档案资料室

档案资料室内文件应按项目部分类归档，定期收集整理，如图 5-19 所示。

图 5-19　档案资料室布置

● 公告宣传栏

公告宣传栏用于宣传国家和国家电网有限公司主要方针政策、重大新闻、施工现场先进事迹和最新安全质量管理文件等，做到定期更新，如图5-20所示。

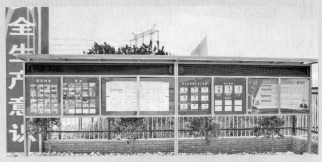

图5-20　公告宣传栏

5.4　材料加工区应用示意 》

一、材料加工区基本要求

（1）施工现场工具、构件、材料的堆放必须按照总平面图规定的位置放置。

（2）各种材料、构件堆放必须按品种、分规格堆放，并设置明显标志。

（3）各种物料堆放必须整齐，砖成丁，砂、石等材料成方，大型工具应一头见齐，钢筋、构件、钢模板应堆放整齐用木枋垫起。

（4）材料标识牌用硬插杆设置在材料的正前方，同一材料堆场的标识牌设置应同一高度（50cm）、同一轴线、同一方向，整齐美观。

二、各加工区域设置

● 木工加工区

木工加工区实行区域化管理，设置相应区域责任牌、机械设备操作规程

牌和安全警示标志牌等，如图5-21所示。

图5-21　木工加工区布置

● 钢筋加工区

钢筋加工区实行区域化管理，设置相应区域责任牌、机械设备操作规程牌和安全警示标志牌等，如图5-22所示。

图5-22　钢筋加工区布置

◉ 混凝土搅拌区

搅拌站实行区域化管理，设置相应区域责任牌、机械设备操作规程牌、安全警示标志牌、混凝土或砂浆配合比标识牌等，操作规程牌应朝向操作人员。

搅拌区旁设置水泥仓库，如图5-23所示，要求如下：

（1）水泥堆放应用木板架空不小于30cm，离开墙（板）体0.5m以上的间距，袋装水泥堆放高度不宜超过10包。

（2）搅拌机械安装需将轮胎卸下，固定牢靠且接地良好，搅拌站的料斗坑口应设置围栏及警示标牌。

（3）应布置台秤，供现场控制自拌水泥砂浆配比。

图5-24 材料机具库房布置

图5-23 混凝土搅拌区

◉ 材料机具库房

材料机具库房主要包括工器具仓库、消耗性材料仓库、应急物资仓库等。仓库库房内应设置货架，架体宜采用不锈钢等防锈蚀材料制作；库房内应悬挂仓库管理制度、材料员岗位职责牌、安全警示标志牌。如图5-24所示。

◉ 砂石料堆场

砂石料应按不同品种、规格堆放，上部采用可移动式防尘网覆盖，悬挂材料标识牌。如图5-25所示。

图5-25 砂石料堆场布置

◉ 临时堆放区

临时堆放区实行区域化管理，用蓝色彩钢板或红白硬质围栏隔离，设置安全警示标志。如图5-26所示。

◉ 危险品库房

易燃、易爆危险品应设置专用存放库房，库房应远离施工现场、生活、办公区，应有避雷及静电接地设施，屋面应采用轻型结构，并设置气窗，门、窗应向外开启；配齐消防器材，并配置醒目标识，专人严格管理。如图5-27所示。

图 5-26　临时堆放区布置

图 5-27　危险品库房布置

危险品库房的照明应采用防爆型灯具，开关应装在室外。

按照危险品的性能分类、分区、分库贮存，各类化学危险品不得与禁忌物料混合贮存。

◉ 材料加工区安全操作规程牌

在材料加工区各作业区域，根据现场机械设备使用情况应设置搅拌机、木工平刨机、木工圆盘锯、钢筋弯曲机、钢筋切断机、砂轮切割机、弯管机和电焊机等机具设备的安全操作规程牌，如图5-28所示。

图 5-28　安全操作规程牌

三、工具、材料摆放

◉ 组合罩棚

（1）在卷扬机、空压机等中小型机械的操作场所设置组合罩棚，如图5-29所示。

图 5-29　组合罩棚设置

（2）主杆、水平杆采用型钢或钢管，顶棚及围护结构采用压型钢板，尺寸及材料根据实际情况选用，应美观实用，确保结构安全稳定。

● 工具、材料摆放

（1）材料/工具状态牌：用于表明材料/工具状态，分完好合格品、不合格品两种状态牌。材料类立地式标识牌规格为（宽×高）300mm×200mm。货架类用标识牌规格为（宽×高）200mm×140mm。

（2）工具材料应按照计量检测类、安全工器具类、应急物资类、消耗品类等分类摆放。

（3）标识牌大小一致，水平和垂直方向均应在一条直线上。

工具、材料摆放布置如图5-30所示。

图5-30 工具、材料摆放布置

四、施工机具

● 圆盘锯（见图5-31）

（1）圆盘锯的锯盘及传动部位应安装防护罩，并设置保险档、分料器。破料锯与截料锯不得混用。

（2）锯片必须平整，锯齿尖锐，不得连续缺齿两个，裂纹长度不得超过20mm，有裂纹则应在裂缝末端冲止裂孔。

（3）操作人员不得站在锯片旋转的离心力方向。

● 电焊机（见图5-32）

（1）电焊机一次侧电源线长度不应大于5m，二次侧焊接线长度不应大于30m。

（2）电焊机外壳应做保护接零。

（3）电焊机应配装二次侧触电保护器，一次侧配装空载减压装置。

（4）露天冒雨不得从事电焊作业。

（5）电焊机一次侧、二次侧接线处防护罩应齐全。

（6）作业人员在观察电弧时，应使用带有滤光镜的头罩或手持面罩，或佩戴安全镜、护目镜。辅助人员也应佩戴类似的眼保护装置。

（7）在潮湿地带工作时，操作人员应站在铺有绝缘物品的地方并穿好绝缘鞋。

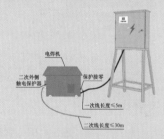

图5-31 圆盘锯　　图5-32 电焊机

● 混凝土搅拌机

（1）混凝土搅拌机应设防护棚和作业平台，传动部位应有防护罩，料斗应有保险挂钩。

（2）混凝土搅拌机作业中，当料斗升起时，严禁任何人在料斗下停留或通过；当需要在料斗下检修或清理料坑时，应将料斗提升后用铁链或插入销锁住。

（3）进料时，严禁将头或手伸入料斗与机架之间。运转中，严禁用手或工具伸入搅拌筒内扒料、出料。

（4）严禁无证操作，严禁开机时擅自离开工作岗位。

● 切割机（见图5-33）

使用的砂轮切割机应设置防护罩。防护罩采用铝板加工制作。

图5-33 切割机

● 气瓶（见图5-34）

（1）各种气瓶应有标准色标，分开存放，不应平放。气瓶距明火应大于10m，当距离不能满足安全距离要求时应有隔离防护措施。

（2）备用待用的氧气瓶、乙炔瓶禁止混放、暴晒，应分别存于氧气间、乙炔间并有防倾倒装置，气瓶应有瓶帽、防震圈。存放处有标志及灭火器材。

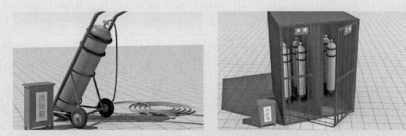

图5-34 气瓶存放示例图

（3）电弧焊施焊现场的10m范围内不得堆放氧气瓶、乙炔瓶、木材等易燃物。

（4）气焊严禁使用未安装减压器、回火阀的氧气瓶进行作业。

气体安全使用示意图如图5-35所示。

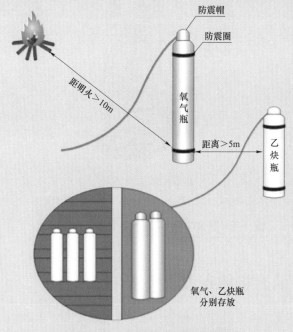

图5-35 气瓶安全使用示意图

● 潜水泵（见图5-36）

（1）潜水泵的开关箱应做保护接零，安装漏电保护器，按说明书正确使用。

（2）潜水泵应放在坚固的筐里置入水中，泵应直立放置；在深井使用时，应由井口竖向提升机放置及提升；放入水中或提出水面时，应先切断电源，严禁拉拽电缆。

（3）接通电源应在水外先行试运转，确认旋转方向正确，无泄漏现象。

（4）潜水泵使用时不得陷入污泥或露出水面。

图5-36　潜水泵

5.5　生活区应用示意 》

一、生活区整体布置及要求

生活区分为业主项目部、监理项目部（可合并布置）生活区和施工项目部生活区两部分，两者相互独立。生活区由宿舍区、餐厅厨房区、卫生间、盥洗室、淋浴间及文体活动室等组成。入口处门头宜设置"职工之家"字样标识（见图5-37），两侧门柱设置安全宣传标语，路口处应设置区域指示牌（见图5-38）。

图5-37　生活区入口处设置　　图5-38　路口处设置区域指示牌

生活区宜根据现场实际情况，适当设置绿色景观，并按每5间宿舍配置1组垃圾箱，如图5-39所示。

图5-39　生活区设置绿化景观和垃圾箱

二、宿舍区布置及要求

宿舍应建设牢固，整洁卫生，保持通风。宿舍门头应设置标识铭牌，并根据实际数量进行编号。外墙醒目位置应设置宿舍管理制度牌，外墙空余位置张贴安全宣传标语或漫画。

宿舍内应配置空调，实行单人单床，禁止通铺，如图5-40所示。管理人员宿舍可设置为标间，配置独立卫生间，如图5-41所示。

图5-42　厨房布置要求

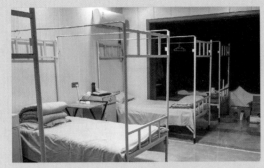

图5-40　宿舍内布置

餐厅（食堂）应张贴门头铭牌，设立独立存储间、生食间及熟食间，内设成套餐桌椅、消毒灯、密闭式泔水桶等设施。食堂内墙醒目位置张挂食堂管理制度牌、食堂防火制度牌、食堂文明卫生制度牌、炊事人员健康证公示牌，内墙空余位置宜张挂其他文明节约宣传标语或漫画。如图5-43所示。

图5-41　管理人员宿舍

图5-43　餐厅布置要求

三、厨房、餐厅布置要求

厨房宜设置在主导风向的下风侧，门头应有标识铭牌。厨房内应配备不锈钢厨具、冰柜、厨余垃圾箱，尽量使用电磁厨具；确需使用燃气的，应做好相应消防安全措施，并在室内悬挂"燃气防护安全措施牌"；操作间内应设置冲洗池、清洗池、消毒池、隔油池，地面应做硬化和防滑处理，如图5-42所示。

四、卫生间、盥洗室、淋浴间布置及要求

卫生间宜设置在主导风向的下风侧，卫生间、盥洗室、淋浴间门头应设置标识铭牌。地面应做硬化和防滑处理，卫生间厕位、盥洗间内盥洗池和水嘴、淋浴间内淋浴器设置应满足人员数量要求。外墙适当位置宜张挂节约用水宣传标语或漫画。如图5-44所示。

图 5-44　卫生间、盥洗室、淋浴间布置

5.6　施工区应用示意 》》

一、施工区域设置

施工区域道路两侧应设置钢管扣件组装式围栏或塑钢围栏，对各施工区域进行有效分隔，并在醒目位置布置区域标识牌。每个施工区域应设置不少于 2 个施工通道，悬挂施工通道标识牌、安全警示标志牌，如图 5-45 所示。

各施工现场应根据不同区域施工内容设置相应安全质量图牌，包括：工艺标准及施工要点、标准工艺流程和首件样板标识牌等。图牌中可增加二维码标识，通过扫码了解标准工艺、工艺流程、工艺标准及施工要点等内容。

图 5-45　施工区域道路两侧布置示意图

● 主通道设置

现场主通道用围栏有效隔离，围栏采用钢管扣件组装式或塑钢围栏，每

隔 10m 处在围栏上设置安全警示牌和安全质量宣传标语，营造安全文明施工氛围，如图 5-46 所示。

图 5-46　主通道设置示意图

各区域围挡时，应对出入口数量和位置细致策划，避免围挡区域进出不便。

● 临时材料堆场

临时材料堆场应设置区域责任牌、安全围栏、安全警示标志、材料工具标识牌。地坪应硬化或者砂石铺垫，如图 5-47 所示。

图 5-47　临时材料堆场布置示意图

各种材料堆放必须按品种、分规格堆放，并设置明显标识。设备摆放按照"先大后小，前整后零"的原则，设防雨设施，配备消防器材。各种材料堆放必须整齐用木枋垫起，大型工具应一头见齐。

● 主变压器区域布置（见图5-48）

变压器、电抗器等主设备在施工安装过程中，外壳、铁芯、夹件及各侧绕组应可靠接地，储油罐和油处理设备应可靠接地，防止静电火花。

油务处理现场应配备足够消防器材，10m范围内不得有火种及易燃易爆物品。

图 5-49 封闭式组合电器区域布置

图 5-48 主变压器区域布置

● 封闭式组合电器区域布置（见图5-49）

封闭式组合电器在运输和装卸过程中不得倒置、倾翻、碰撞和受到剧烈的振动。

六氟化硫气瓶、安全帽、防振圈应齐全，安全帽应拧紧；搬运时应轻装轻卸，禁止抛掷、溜放；应存放在防晒、防潮和通风良好的场所；不得靠近热源和油污；不得与其他气瓶混放。

二、安全隔离

1. 安全围栏

● 钢管组装式安全围栏（见图5-50）

图 5-50 钢管组装式安全围栏设置

可用于范围相对固定的施工区域划定、临空作业面（包括坠落高度2m及以上的基坑）及直径大于1m无盖板孔洞的围护。

结构及形状：采用钢管及扣件组装，其中立杆间距为2.0～2.5m，高度为1.05～1.2m（中间距地0.5～0.6m高处设一道横杆），杆件强度应满足安全要求。杆件红白油漆涂刷、间隔均匀，尺寸规范。

使用要求：安全围栏应与警告、提示标志配合使用，固定方式应稳定可靠。临空作业面维护使用时应设置高 180mm 的挡脚板。

● 门形组装式安全围栏

适用于相对固定的施工区域、安全通道、重要设备保护、带电区和高压试验区域的隔离。

结构及形状：采用围栏组件与立杆组装方式，红白油漆涂刷、间隔均匀，尺寸规范。安全围栏的结构、形状及尺寸如图 5-51 所示。

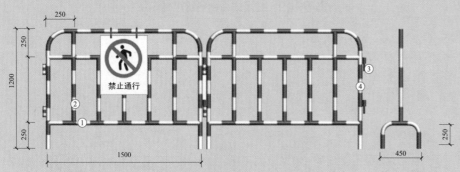

图 5-51 安全围栏的结构、形状及尺寸

使用要求：安全围栏应与警告标志配合使用，在同一方向上警告标志每 20m 至少设一块。安全围栏应立于水平面上，平稳可靠。

当安全围栏出现构件焊缝开裂、破损、明显变形、严重锈蚀、油漆脱落等现象时，应经修整后方可使用。

● 提示遮栏

适用施工区域的划分与提示，如变电站内施工作业区、吊装作业区、电缆沟道及设备临时堆放区等。

结构及形状：由立杆（高度 1.05～1.2m）和提示绳（带）组成，安全提示遮栏的结构、形状如图 5-52 所示。

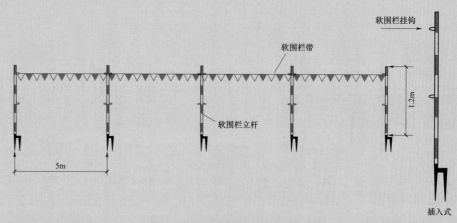

图 5-52 提示遮栏结构、形状

使用要求：提示遮栏应与警告、提示标志配合使用，固定方式根据现场实际情况采用，应稳定可靠。立杆间距应一致。严禁采用螺纹钢或者钢筋做插杆。

2. 孔洞防护设施

◉ 孔洞盖板及沟道盖板

结构及形状：孔洞及沟道临时盖板使用 4～5mm 厚花纹钢板或其他强度满足要求的材料（盖板强度为 10kPa）制作，并涂以黑黄相间的警告标志和"禁止挪用"标识，制作标准如图 5-53 所示。盖板下方设置限位块（不少于 4 处），以防止盖板移动。遇车辆通道处的盖板应适当加厚，保证强度。

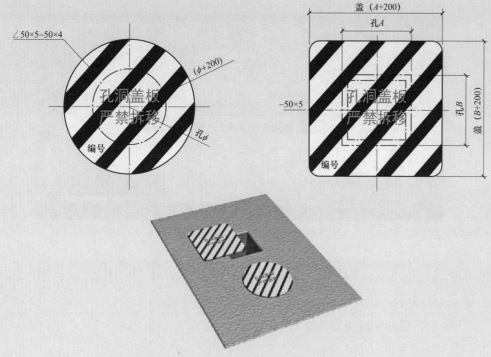

图 5-53　孔洞盖板制作标准

使用要求：孔洞及沟道临时盖板边缘应大于孔洞（沟道）边缘 100mm，并紧贴地面。直径大于 1000mm 的孔洞盖板应设置加强筋。

孔洞及沟道临时盖板因工作需要揭开时，孔洞（沟道）四周应设置安全围栏和警告牌，根据需要增设夜间警告灯，工作结束应立即恢复。

孔洞防护盖板上严禁堆放设备、材料。

预留洞口（≥1500mm）四周搭设钢管组装式安全围栏，在栏杆外侧张挂"当心坠落"安全警示标志牌。

3. 安全通道

安全通道：安全通道根据施工需要可分为斜型走道、水平通道，要求安全可靠、防护设施齐全、防止移动，投入使用前应进行验收，并设置必要的标牌、标识。

◉ 电缆沟安全通道（见图 5-54）

电缆沟未铺设电缆沟盖板前，应采用安全围栏或临时盖板进行安全防护。临时盖板宜采用伸缩式临时盖板，铺设时盖板两端应至少覆盖电缆沟压顶宽度的二分之一。室外电缆沟每 50m 至少设置一处安全通道，并挂设安全警示标识牌。

图 5-54　电缆沟安全通道

● 上人斜道

当高度小于 6m 时，宜采用一字型斜道；高度大于 6m 时，采用之字形斜道。人行斜道的宽度不小于 1m，坡度 1:3；运料通道宽度 1.5m，坡度 1:6。斜道两侧及平台周围应设置栏杆和挡脚板。如图 5-55 所示。

图 5-55　上人斜道

● 钢管扣件式楼梯

楼梯为踏步形式，楼梯坡度应保持在 30°～45°。楼梯通道两侧设置双道防护栏杆和挡脚板。楼梯外侧挂密目安全网封闭。楼梯休息平台处应张挂安全警示宣传牌。如图 5-56 所示。

图 5-56　钢管扣件式楼梯

三、临边防护

● 基坑边安全防护

基坑临边防护一般采用钢管搭设两道防护栏杆的形式（下道栏杆离地 600mm，上道栏杆离地 1200mm），如图 5-57 所示。立杆间距应不超过 2500mm，立杆与基坑边坡的距离不应小于 500mm。

图 5-57　基坑临边安全防护

防护栏杆外侧设置 180mm 高挡脚板。防护栏杆和挡脚板刷红白相间安全警戒色。

防护栏杆外侧应设置排水沟，采取有组织的排水。

防护栏杆外侧应悬挂安全警示标识。

◎ 楼层边、阳台边、屋面边安全防护

楼层边、阳台边、屋面边安全防护栏杆一般采用钢管围栏搭设。如图 5-58 所示。

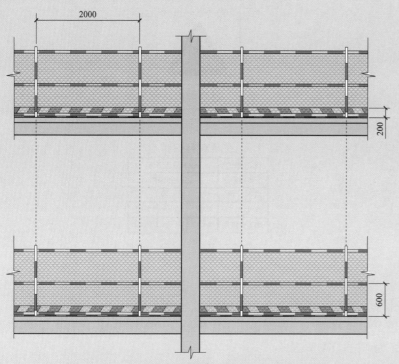

图 5-58 楼层边、阳台边、屋面边安全防护设置

防护采用两道栏杆形式，下道栏杆离地 600mm，上道栏杆离地 1200mm，立杆间距不大于 2000mm。防护内侧满挂密目安全网，下设 180mm 高挡脚板。防护栏杆及挡脚板刷红白相间安全警戒色。

◎ 电缆井安全防护

井口处必须设置固定式防护门，门高度不得低于 1500mm，竖向钢筋间距不得大于 150mm，防护门底部安装 180mm 高木质挡脚板。如图 5-59 所示。防护门和挡脚板刷红白或黄黑相间警戒色。防护门外侧悬挂安全警示牌。防护门四角须固定。

图 5-59 电缆井安全防护设置

四、施工用电设施

施工现场临时用电应采用 TN-S（三相五线）标准布设，站内配电线路宜采用直埋电缆敷设，埋设深度不得小于 0.7m，并在地面设置明显提示标志。总配电箱、分配电箱、开关箱和便携式电源盘应满足电气安全及相关技术要求，漏电保安器应定期试验，确保功能完好。各类接地可靠，采用黄绿双色专用接地线。

户外落地安装的开关箱底部离地面不应小于 0.2m，固定式开关箱中心与地面的垂直距离宜为 1.4～1.6m，移动式开关箱中心与地面的垂直距离宜为 0.8～1.6m。如图 5-60 所示。

图 5-60 户外开关箱设置

配电系统应设置配电柜或总配电箱、分配电箱、开关箱，实行三级配电。室内配电柜的设置应符合临时用电安全技术规范。总配电箱应设在靠近电源的区域，分配电箱与开关箱的距离不得超过 30m，开关箱与其控制的固定式用电设备的水平距离不宜超过 3m。

◎ 电源配电箱

使用要求：按规定安装漏电保护器，每月至少检验一次，每日试跳一次，并做好记录。配电箱应有专人管理，并加锁。箱体内应配有接线示意图，并标明出线回路名称。

技术要求：设备产品应符合现行国家标准的规定，应有产品合格证及设备铭牌。

箱体外表颜色为绿色（C100Y100）、铅灰色（K50）或橙色（M60Y100），同一工程项目箱体外表颜色应统一。

电源配电箱设置如图 5-61 所示，电缆进口孔应封堵。

图 5-61　电源配电箱设置

箱门标注"当心触电"警告标志及电工姓名、联系电话，总配电箱、分配电箱附近应配置干粉式灭火器。如图 5-62 所示。

图 5-62　配电箱标识牌图示

◎ 卷线盘

用于施工现场小型工具及临时照明电源。

卷线盘选择要求：应配备漏电保护器（30mA，0.1s），电源线应使用橡皮软线。如图 5-63 所示。

负荷容量：限 220V，2kW 以下负荷使用。

电源线在拉放时应保持一定的松弛度，避免与尖锐、易破坏电缆绝缘的物体接触，长度不得超过 30m。

技术要求：电缆线应为三芯电缆（其中一芯为接零保护线）。

◉ 照明设施

施工作业区采用集中广式照明灯塔，灯具采用防雨式，底部焊接或高强度螺栓连接，局部照明采用移动式照明灯具。

集中广式照明灯塔适用于施工现场集中广式照明，灯具一般采用防雨式，底部采用焊接或高强度螺栓连接，确保稳固可靠，灯塔应可靠接地。如图 5-64 所示。

移动式照明灯具可根据需要制作或购置，电缆应绝缘良好。

图 5-63　卷线盘

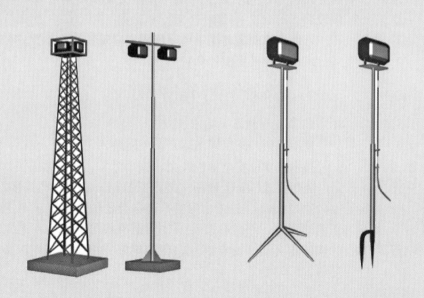

图 5-64　照明设施

● 接地、接零保护系统（见图5-65）

接地体采用角钢、钢管或圆钢，不得采用螺纹钢。

接地线与接地端子的连接处用铜鼻压接，不得直接缠绕。

保护零线必须采用黄绿双色线，不得采用其他线色取代。

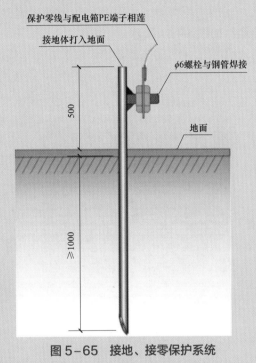

图5-65 接地、接零保护系统

● 电缆埋设（见图5-66）

电缆在室外直接埋地深度不小于0.7m，并应在上、下、左、右四面铺设50mm的细砂，然后添土、覆盖硬质保护层。

图5-66 电缆埋设

电缆线路应采用埋地或架空敷设，严禁沿地面明敷，并避免机械损伤和介质腐蚀。电缆架空应沿电杆、支架或墙壁敷设，严禁沿树木、脚手架敷设。

直埋电缆的走向沿主道路或固定建筑物边缘设置；每50m设置方位标志；通过道路时应采用保护套管。

五、高处作业防护装置

● 攀登自锁器（见图5-67）

使用场所：施工现场攀登高处防坠。

技术要求：安全部件齐全、锁止可靠、元件无损伤、绳无磨损。

使用要求：安全绳和主绳严禁打结、绞结，严禁接近带电体、尖锐物、腐蚀物及火源，主绳选购应符合自锁器的技术要求，主绳应垂直设置，上下两端固定，严禁有接头，使用前应将自锁器压入主绳试拉，当猛拉圆环时应锁止灵活，安全螺丝、保险定好方可使用，绳钩必须挂在安全带连接环内。

图 5-67　攀登自锁器

图 5-68　速差自控器

图 5-69　水平安全绳

自锁器应专人专用，不用时妥善保管，每两年检验一次，经过严重碰撞、挤压或高空坠落后的自锁器要重新检验方可使用。经常使用时，除使用前检查外，至少每月详细检查一次，包括锁钩螺栓，铆钉有无松动、壳体有无裂纹和损伤，安全绳和主绳有无磨损，固定点有无松弛等。

◉ 速差自控器（见图 5-68）

使用场所：在构架、设备上进行高处作业时使用。

技术要求：自控器的设置位置应符合产品技术要求。

自控器应高挂低用，应防止摆动碰撞，水平活动应在以垂直线为中心半径 1.5m 范围内。绳物、吊环、固定点等各部螺栓应连接牢固。安全绳、挂绳无磨损、断丝、打结。严禁自行拆卸和改装。

使用要求：应由专人保管、维护，防止雨淋、泡水、接触腐蚀物质，保持卡簧及安全绳动作灵活。使用两年、经过大修或更换元件以及经过碰撞或带负荷锁止后，应按标准进行试验。

◉ 水平安全绳（见图 5-69）

使用场所：现场高处作业人员水平移动时使用。

技术要求：绳索规格不小于 ϕ16mm 锦纶绳或 ϕ13mm 以上塑套钢丝绳。

钢丝绳的固定高度 1.1～1.4m，每 2m 长应设一个固定支撑点，钢丝绳固定后弧垂范围 10～30mm，钢丝绳两端应固定在牢固可靠的构架上，在构架上缠绕不得少于 2 圈，与构架棱角接触处应加衬垫。

使用要求：仅作为高处施工人员行走时保持人体重心平衡的扶绳，严禁做安全带悬挂点（钩挂点）使用。使用前应对绳索进行外观检查。

◉ 安全带（见图 5-70）

使用场所：工程施工高处作业。

图 5-70　安全带

技术要求：必须在有生产许可证的专业制造厂选购，经过政府劳动用品检测中心鉴定合格。

使用要求：佩戴前进行检查，发现以下缺陷不准使用：带体磨损、铆钉脱落或损伤、缝线开裂等缺陷，腰带与背带组合连接螺栓不坚固，腰带卡环未卡死，围杆带金属钩未处于锁闭状态。定期进行外观检查和性能试验，保管、使用时严防尖利物损害安全带，严禁靠近火源和高热源。

六、起重吊装作业

◉ 汽车起重机（见图5-71）

汽车起重机应有《起重机械定期检验报告》。

汽车起重机上配备的安全限位、保护装置应齐全、灵敏、可靠；严禁操作缺少安全装置或安全装置失效的起重机。吊钩应有防脱钩装置。

在道路上施工应设围栏，并设置警示标志牌。

图5-71 汽车起重机

作业时，起重机应置于平坦、坚实的地面上。不准在暗沟、地下管线等上面作业；不能避免时，应采取防护措施，不准超过暗沟、地下管线允许的承载力。

◉ 塔式起重机（见图5-72）

塔吊必须取得设备产权备案证明。

安装单位应当持有建设主管部门颁发的相应资质和建筑施工企业安全生产许可证，并在其资质许可范围内承揽建筑起重机械安装、拆卸工程。

安装完毕后，安装单位经自检合格后，出具自检合格证明，并向使用单位进行安全使用说明。

塔式起重机安装完毕后，应经具有相应资质的检验检测机构进行验收，验收合格后方可投入使用。

图5-72 塔式起重机

使用单位应当自起重机械安装验收合格之日起30日内，向工程所在地政府建设主管部门办理建筑起重机械使用登记。登记标志置于或者附着于该设备的显著位置。

起重机械安装拆卸工、起重信号司索工、起重司机应当取得省级建设主管部门颁发的《建设施工特种作业操作资格证》后方可上岗作业。

塔吊基础不得积水，要有可靠的排水措施；在塔吊基础附近内不得随意挖坑或开沟。

塔吊的重复接地和避雷接地可以采取同一接地装置，接地电阻不大于4Ω。

在塔身上悬挂电缆，应设置电缆固定器或电缆网套，防止电缆自重超过电缆的机械强度。

七、电气调试及试验区域布置

电气调试及试验时，应在调试、试验点的四周设置绝缘安全围栏，绝缘安全围栏至高压引线及带电部件的安全距离应满足安全规程要求，工作地点四周围栏上悬挂"止步、高压危险！"等安全警示标志牌。如图5-73所示。

图 5-73　电气调试及试验区域布置

八、消防设施

工程建设临建区域和施工现场消防安全布置要满足《建设工程施工现场消防安全技术规范》（GB 50720—2011）的要求。

一般情况下，每 100m² 应至少配备两个灭火级别不低于 3A 的灭火器。重点区域应备有专供消防用的太平桶、消防铲、消防斧、蓄水池、砂池等消防器材，如图 5-74 所示。

图 5-74　消防设施设置

每组灭火器之间的距离不应大于 25m，每组灭火器不应少于 2 个。

◉ 灭火器（见图 5-75 和图 5-76）

使用说明：灭火器应设置在位置明显和便于取用的地点，且不得影响安全疏散。

灭火器的摆放应稳固，其铭牌应朝外。手提式灭火器宜设置在灭火器箱内或挂钩、托架上，其顶部离地面高度不应大于 1.50m，底部离地面高度不宜小于 0.08m。灭火器箱不得上锁，每月定期检查。

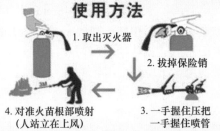

图 5-75　灭火器标识牌图示

图 5-76　灭火器设置

九、脚手架

搭设高度 24m 及以上的落地式钢管脚手架工程属于危险性较大的分部分项工程，须单独编制专项方案。

钢管脚手架应选用外径 48mm，壁厚 3.5mm 的钢管。钢管上严禁打孔，扣件、钢管应采用有质量合格证和质量检验报告的产品。扣件使用前须进行质量检查，有裂纹、变形的严禁使用，出现螺栓滑丝的必须更换。扣件在螺栓拧紧扭力矩达到 65N·m 时，不得发生破坏。

脚手架外侧防护必须使用合格的密目安全网进行全封闭。

脚手架搭设人员必须持有省级建设主管部门颁发的建筑架子工特种作业操作资格证书，上岗人员应经安全技术交底后方可上岗，并定期进行体检。

● 脚手架基础（见图 5-77）

落地式钢管脚手架地基应按施工方案要求平整夯实，并设置排水沟。24m 以下落地式外脚手架必须沿脚手架长度方向铺设木枋；24m 以上落地式外脚手架必须沿脚手架长度方向铺设 5cm 厚度木垫板。每根立杆下设置底座和垫板。

● 剪刀撑设置（见图 5-78）

每道剪刀撑宽度不应小于 4 跨，且不应小于 6m，斜杆与地面的倾角宜在 45°～60° 之间。

双排脚手架应在外侧立面整个长度和高度上连续设置剪刀撑。

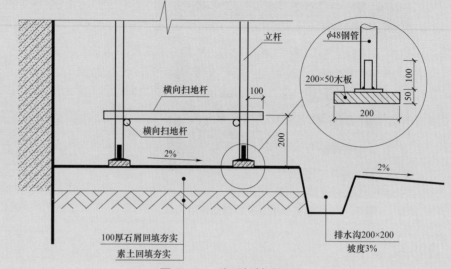

图 5-77 脚手架基础设置

图 5-78 剪刀撑设置

● 架体防护（见图 5-79）

脚手架外立面应满挂密目安全网全封闭。施工层必须满铺脚手板，铺设脚手板时主筋应垂直于纵向水平杆（大横杆）方向，可采用对拉平铺或者搭接，四角须用不细于 18 号铅丝双股并联绑扎，要求绑扎牢固，交接处平整，无探头板。

脚手架每隔两层且高度不超过 10m 设水平安全网或满铺脚手板，水平安全网必须兜挂至建筑物结构。

作业层外侧设置 1.2m 高防护栏杆和 180mm 高挡脚板。

当架体与楼层间隙大于 150mm 时，挂安全平网进行封闭。

图 5-79　架体防护

● 通道（见图 5-80）

人行兼做材料运输的斜道高度不大于 6m 的宜采用之字形。运料道宽度不宜小于 1.5m，坡度宜采用 1:6，人行斜道宽度不宜小于 1m，坡度宜采用 1:3。

拐弯处应设置平台，其宽度不应小于斜道宽度，斜道两侧及平台外围均应设置 1.2m 和 0.6m 高的双道防护栏杆及 180mm 高挡脚板。

斜道宜附着外脚手架或建筑物设置，其各立面应设置剪刀撑。

斜道的基础与外脚手架基础一致，斜道的连墙件按照开口型脚手架要求设置。斜道每隔 30cm 设置一道 5cm 宽、1cm 厚的防滑条。

图 5-80　通道设置

● 脚手架标牌（见图 5-81）

脚手架验收合格牌在脚手架搭设完毕并验收合格后悬挂，验收合格牌为墨绿色（C100M5Y50K40），尺寸为 600mm×400mm。

脚手架验收合格牌

使用单位		责任人	
使用地点		验收人	
使用时间		验收时间	
荷　　载			

□□□□工程施工项目部

图5-81　脚手架验收合格牌

十、现场临时设施布置

◎ 休息室（见图5-82）

施工场区内设置 2～4 个封闭式休息室（吸烟室、饮水点），休息室大门朝主干道，门外有明显标志，内部布置安全教育宣传漫画。室内应设烟灰缸及供人员休息用的椅子，有专人负责保洁。饮水点应设置座椅，配备一次性纸杯，保持室内清洁与饮水卫生。

图5-82　休息室设置

◎ 垃圾箱（见图5-83）

结合工程所在地环保要求和垃圾分类相关规定设置垃圾箱，建筑垃圾和废旧物资应设置固定堆放场所，并有明显标识。

图5-83　垃圾箱设置

◎ 施工现场成品保护（见图5-84）

施工人员应有成品和半成品保护意识，自觉维护施工成品、半成品和防护设施，严禁乱拆、乱拿、乱涂和乱抹。

图5-84　施工现场成品保护示意图

第 6 章
各区域图牌标准化设计和示意

1. 进站道路入口

◉ 工程位置指示牌

内容要求：方向、距离指示清晰。

尺寸要求：1400mm×900mm。

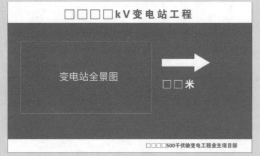

◉ 三级及以上风险点分布示意图

内容要求：需标注所有三级及以上安全风险作业点，人员到岗到位要求及安全措施落实情况等。

尺寸要求：500 千伏变电站工程 2400mm×1500mm。

2. 进站道路两侧布置

◉ 工程项目概况牌

内容要求：载明工程项目名称及工程简要介绍。

尺寸要求：500千伏变电站工程2400mm×1500mm。

◉ 施工总平面布置图

内容要求：根据工程实际绘制，应包括办公、生活、材料加工等区域及变电站主要功能区划分、消防器材、配电箱、地下管线和标准工艺首件样板的定置等。

尺寸要求：500千伏变电站工程2400mm×1500mm。

◉ 工程项目建设管理责任牌

内容要求：载明项目各参建单位及主要负责人等内容。

尺寸要求：500千伏变电站工程2400mm×1500mm。

◉ 变电站鸟瞰图

内容要求：展示变电站总体布局、功能分区、建构筑物和主设备的型式。

尺寸要求：500千伏变电站工程2400mm×1500mm。

● 工程项目安全文明施工纪律牌

内容要求：载明项目安全文明施工主要管理要求。

尺寸要求：500千伏变电站工程 2400mm×1500mm。

● 工程项目管理目标牌

内容要求：载明项目管理目标，主要包括安全、质量、工期、文明施工及环境保护等目标内容。根据工程实际情况填写创优目标。

尺寸要求：500千伏变电站工程 2400mm×1500mm。

安全文明施工纪律牌

1、进入施工现场人员必须正确佩戴安全帽，系好帽带。

2、进入施工现场人员严禁穿拖鞋、高跟鞋、背心。

3、进入施工现场人员应穿着符合安全要求的工作服，着装整齐统一、佩戴胸卡上岗。

4、从事危险作业的人员，穿着专用防护服。

5、进入高处作业区域人员必须人手一条安全带，高处作业人员必须系好安全带，穿胶底鞋。

6、进入施工现场人员不得长发披肩，长发、长辫应塞在安全帽内。

7、严禁闲人进入施工现场。

□□□□□500千伏输变电工程业主项目部

工程项目管理目标牌

安全管理目标：1.不发生六级及以上人身事件。2.不发生因工程建设引起的六级及以上电网及设备事件。3.不发生六级及以上施工机械设备事件。4.不发生火灾事故。5.不发生环境污染事件。6.不发生负主要责任的一般交通事故。7.不发生基建信息安全事件。8.不发生对公司造成影响的安全稳定事件。

质量管理目标：全面应用通用设计、通用设备、通用造价、标准工艺，工程质量达到国家、行业和公司标准、规范以及设计要求，实现"零缺陷"投运。工程通过达标投产考核，争创省公司输变电优质工程金银奖、国网公司输变电优质工程金银奖。工程使用寿命满足设计及公司质量管理要求。不发生因工程建设原因造成的六级及以上工程质量事件。且满足：

土建部分：分项、分部、单位工程合格率100%，观感得分率≥90%。

安装部分：分项、分部、单位工程合格率100%。

工期管理目标：计划□□□□年□□月投运。

文明施工目标：严格执行《国家电网有限公司输变电工程安全文明施工标准化管理办法》的规定，做到设施标准、行为规范、施工有序、环境正解，努力消除安全通病。

环境保护目标：执行环保规定，落实环保措施，保护生态环境，不超标排放、不随意弃置固废，不发生一般及以上环境污染事件，控制并减少环境破坏和植被破坏，不发生一般及以上水土流失事件。

建设过程中环保、水保措施执行到位，"三同时"执行到位，工程环保、水保验收合格率100%。

造价管理目标：严格落实施工图预算管理要求，严格执行分部结算计划，做到量准价实、过程规范、合理造价，实现预算不超概算、结算不超预算，变更签证规范率100%、造价资料规范率100%。

□□□□□500千伏输变电工程业主项目部

3. 施工区域大门布置

◉ 大门

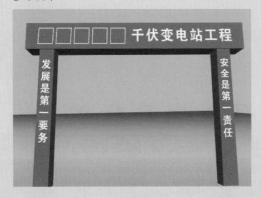

◉ 门卫室

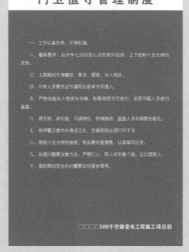

◉ 安全自查镜

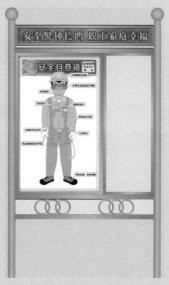

4. 大门区域内侧布置

◉ 安全警示、警告标牌

设置要求：设置在作业人员上岗的必经之路旁。

尺寸要求：500千伏变电站工程900mm×600mm。

● 施工现场违章作业危险告知牌
尺寸要求：2400mm×1500mm。

● 应急联络牌
尺寸要求：600mm×900mm。

● 施工区域指示牌

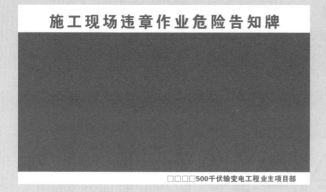

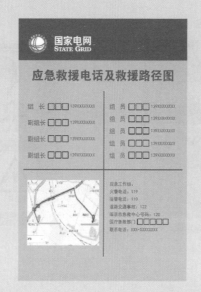

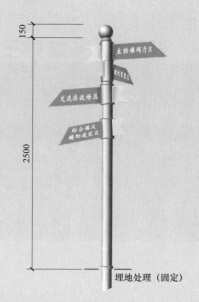

● 三级及以上施工现场风险管控公示牌
尺寸要求：500千伏变电站工程2400mm×1500mm。

● 工程项目分包公示牌
尺寸要求：500千伏变电站工程2400mm×1500mm。

三级及以上施工现场风险管控公示牌

作业时间	作业地点	作业内容	主要风险	风险等级	颜色标示	工作负责人	现场监理人

□□□□500千伏输变电工程业主项目部

工程项目分包公示牌

分包单位	资质类别及等级	分包项目经理及联系电话	分包项目内容	分包合同编号	报审情况
江苏南通二建集团有限公司	房屋建筑工程施工总承包特级		灌注桩基础施工	2011010	已报审
宿迁市新亚建筑安装工程有限公司	房屋建筑工程施工总承包三级		开挖基础施工	2011015	已报审

□□□□500千伏输变电工程业主项目部

● 作业层班组骨干人员公示牌
尺寸要求：500千伏变电站工程2400mm×1500mm。

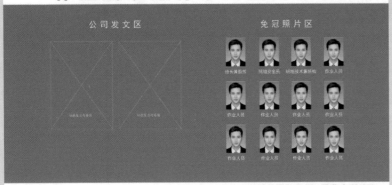

● 生产作业现场"十不干"
尺寸要求：500千伏变电站工程600mm×900mm。

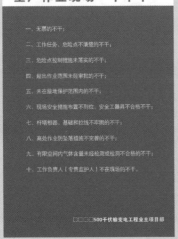

● 进入施工现场安全注意事项牌
尺寸要求：500千伏变电站工程2400mm×1500mm。

● 安全防护设施、用品规范使用示意图
尺寸要求：500千伏变电站工程2400mm×1500mm。

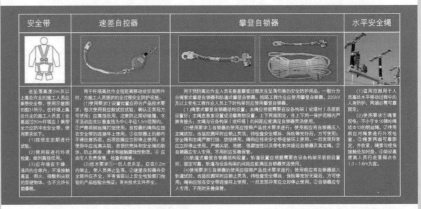

6.2 办公区图牌 》》

◎ 办公区平面布置图

项目部铭牌

公告宣传栏

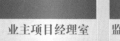

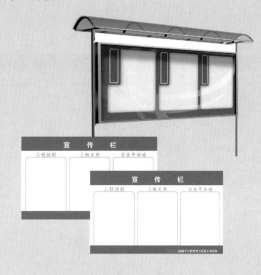

办公室门牌

| 业主项目经理室 | 监理项目部办公室 | 施工项目经理室 |

◎ 会议室布置

变电站鸟瞰图
尺寸要求：1500mm×900mm。

亮点展示牌
尺寸要求：1500mm×900mm。

工程施工进度横道图
尺寸要求：1500mm×900mm 或 600mm×900mm。

● 会议室布置

尺寸要求：600mm×900mm。

工程项目建设目标

安全管理目标：1.不发生六级及以上人身事件。2.不发生因工程建设引起的六级及以上电网及设备事件。3.不发生六级及以上施工机械设备事件。4.不发生火灾事故。5.不发生环境污染事件。6.不发生负主要责任的一般交通事故。7.不发生基建信息安全事件。8.不发生对公司造成影响的安全稳定事件。

质量管理目标：全面应用通用设计、通用设备、通用造价、标准工艺。工程质量达到国家、行业和公司标准、规范以及设计要求，实现"零缺陷"投运。工程通过达标投产考核，争创省公司输变电优质工程金银奖、国网公司输变电优质工程金奖。工程使用寿命满足设计及公司质量管理要求。不发生因工程建设原因造成的六级及以上工程质量事件。且满足：

土建部分：分项、分部、单位工程合格率100%，观感得分率≥90%。

安装部分：分项、分部、单位工程合格率100%。

工期管理目标：本工程计划□□□□年□□月开工建设，于□□□□年□□月竣工并具备投运条件。

文明施工目标：严格执行《国家电网公司输变电工程安全文明施工标准化管理办法》，设施标准、行为规范、施工有序、环境整洁。

环境保护目标：执行环保规定，落实环保措施，保护生态环境，不超标排放，不随意弃置固废，不发生一般及以上环境污染事件，控制并减少环境破坏和植被破坏，不发生一般及以上水土流失事件。

建设过程中环保、水保措施执行到位，"三同时"执行到位，工程环保、水保验收合格率100%。

造价管理目标：严格落实施工图预算管理要求，严格执行分部分项结算计划，做到量准价实、过程规范、合理造价，实现预算不超概算、结算不超预算，变更签证规范率100%、造价资料规范率100%。

□□□□500千伏输变电工程业主项目部

业主项目部组织机构

国网□□□□公司

物资协调 □□□　业主项目经理 □□□　属地协调 □□□

建设协调 □□□　安全管理 □□□　质量管理 □□□　造价管理 □□□　技术管理 □□□

□□□□500千伏输变电工程业主项目部

项目安全责任制

1.项目法人（业主）对工程项目建设过程中的安全工作负有全面的监督管理职责，应明确发布建设工程项目安全方针目标、政策和主要保证措施；明确必须遵守的法律法规。

2.确定合理工期，按基建程序组织工程建设。

3.负责建设工程项目安全文明施工总体策划，审定参建单位的安全文明施工实施细则，并监督实施。

4.负责按规定向施工承包商提供现场安全文明施工费用，并不得列入投标竞争性报价。

5.负责组建工程项目安委会和开展安全管理活动。

6.负责制定安全管理制度考核办法并严格执行。

7.负责组建安全风险管理和安全控制体系；负责建立工程项目安全应急处置预案，组织安全事故应急演练，负责较大安全事故指挥。

8.负责六级及以上人身事件的调查处理工作。

□□□□500千伏输变电工程业主项目部

项目安委会网络图

安委会主任 □□□

副主任（常务）：□□□

副主任：□□□　副主任：□□□　副主任：□□□　副主任：□□□

委员 委员 委员 委员 委员 委员 委员 委员 委员 委员 委员 委员 委员 委员 委员 委员

□□□□500千伏输变电工程业主项目部

● 会议室布置

尺寸要求：600mm × 900mm。

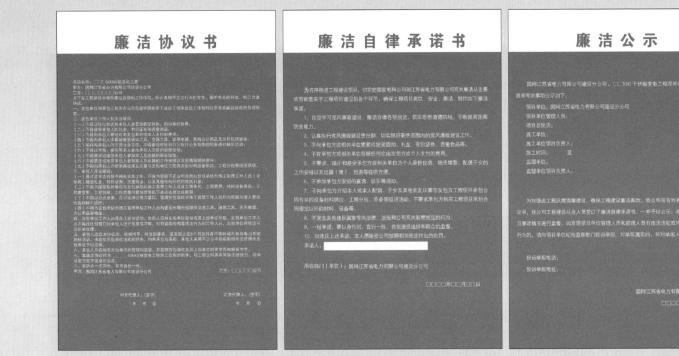

● 业主项目部办公室组织机构、体系、管理目标及岗位职责牌

尺寸要求：600mm×900mm。

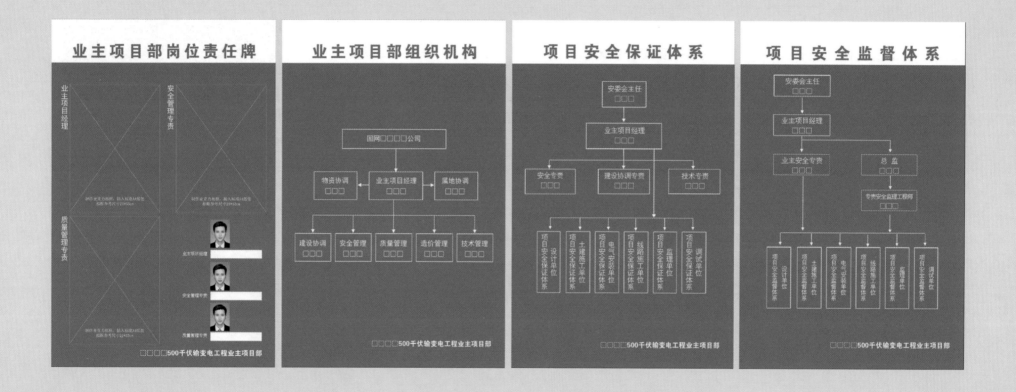

● 业主项目部办公室质量体系牌
尺寸要求：600mm×900mm。

● 监理项目部办公室组织机构、制度、管理目标及岗位职责牌
尺寸要求：600mm×900mm。

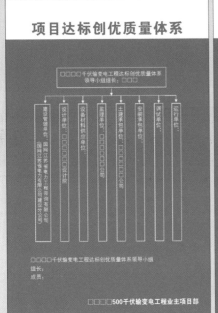

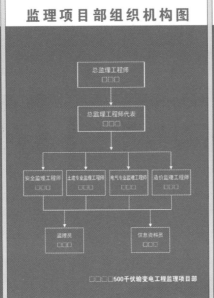

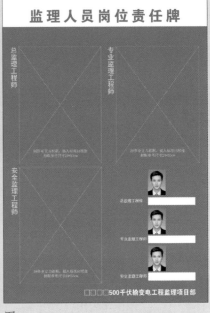

● 监理项目部办公室三级及以上施工现场风险管控公示牌
尺寸要求：1800mm×1200mm。

● 监理项目部办公室工程施工进度横道图
尺寸要求：1500mm×900mm 或 600mm×900mm。

6.3 材料加工区图牌 》

◎ 木工加工棚

◎ 钢筋加工棚

◎ 钢筋堆放棚

◎ 焊接加工棚

◎ 组合罩棚

● 操作规程牌

尺寸要求：600mm×900mm。

钢筋切断机操作规程

一、进入施工现场必须戴好安全帽。

二、接送料的工作台面和切刀下部保持水平，工作台的长度可根据加工材料长度确定。

三、启动前，应检查并确认切刀无裂损，刀架螺栓紧固，防护罩牢靠，然后用手转动皮带轮，检查齿轮啮合间隙，调整切刀间隙。

四、启动后，应先空运转，检查各传动部分及轴承运转正常后，方可作业。

五、机械未达到正常转速时，不得切料，切料时，应使用切刀的中下部位，紧握钢筋对准刀口迅速投入，操作者站在固定刀片一侧用力压住钢筋，应防止钢筋末端弹出伤人，严禁用手直接握住钢筋断面送料。

六、不得剪切直径及强度超过机械铭牌规定的钢筋和烧红的钢筋，一次切断多根钢筋时，其总截面积应在规定范围内。

七、剪切低合金钢筋时，应更换高硬度切刀，剪切直径应符合机械铭牌规定。

八、切断短料时，手和切刀之间的距离应保持150mm以上，如手握料头小于400mm时，应采用套管或夹具将其短头压住或夹牢。

九、运转中，严禁用身直接清除切刀附近的断头双余物，钢筋摆动周围和切刀周围不得停留非操作人员，已切断的钢筋应放置整齐，以防切口突出，深部易伤。

十、当发现操作运转不正常，有异常或切刀歪斜时，应立即停机进行检修。

十一、作业后，应切断电源，用钢刷清除切刀间的杂物，进行整机润滑清洁。

十二、液压传动的试剪断机操作后，应检查并确认液压油位及电动机械旋转方向符合要求，启动后应空载运转，松开放油阀，排尽液压缸体内的空气，方可进行切筋。

□□□□500千伏输变电工程施工项目部

钢筋弯曲机操作规程

一、进入施工现场必须戴好安全帽。

二、工作台和弯曲机台应保持水平，作业前应准备好各种芯轴及工具。

三、应按加工钢筋的直径和弯曲半径要求，装好相应规格的芯轴和成型轴、挡铁轴。芯轴直径应为钢筋直径的2.5倍，挡铁轴应有铁套。

四、挡铁轴的直径和强度不得小于被弯钢筋直径和强度，不直的钢筋不得在弯曲机上弯曲。

五、应检查并确认芯轴、挡铁轴、转盘等无裂纹和损伤，防护罩罩固牢靠，空载运转正常后，方可作业。

六、作业时，应将钢筋需弯曲一端插入在转盘固定销的间隙内，另一端紧靠机身固定销，并用手压紧，应检查机身固定销确认在挡住钢筋的一侧，方可开动。

七、作业时，严禁更换芯轴、销子和变换角度以及调速，也不得进行清扫和加油。

八、对超过机械铭牌规定直径的钢筋严禁进行弯曲，在弯曲未经冷拉或带有锈皮的钢筋时，应戴好护镜。

九、弯曲高强度或低合金钢筋时，应按机械铭牌规定换算最大允许直径并调换相应芯轴的芯轴。

十、在弯曲钢筋的作业半径内和机身无设固定销的一侧严禁站人，专成好的半成品应放线整齐，弯钩不得朝上。

十一、转盘换向时，应待停稳后进行。

十二、作业后应及时清洗转盘及插入孔内的铁锈、杂物等。

十三、机械维修时，关闭电源，抬好电箱，派专人监护，不得私自离开现场。

□□□□500千伏输变电工程施工项目部

套丝机操作规程

一、套丝切管机应安放在牢固的基础上。

二、应先空运转，进行检查、调整，各部件运转正常方可作业，必须按加工管径选用板牙并按顺序装牢，作业时应先用润滑油润滑板牙。

三、工件伸出卡盘端面的长度过长时，后部要有辅助支撑，并调整好高度。

四、勤检查机具是否正常运转，如有不正常音响，应立即停机维修，排除故障后方可继续使用，不得带病作业。

五、作业前检查是否有有油，油管是否畅顺，作业中应用刷子清除铁屑，不得随打掉落，及时清理。

六、进工件时，应放正、放平、放稳，防止手和杂物被转动盘压、挂。

七、切断作业时，不得在旋转手柄上加长力臂，切平管端时，不得进刀过快。

八、作业后应切断电源，锁好电闸箱，并做好日常保养工作。

□□□□500千伏输变电工程施工项目部

电焊机操作规程

一、电焊机外壳，必须接地良好，其电源的装拆应由电工进行。

二、电焊机要设单独的开关，开关应放在防雨的闸箱内，拉合时应戴手套侧向操作。

三、焊钳与把线连接绝缘良好，连接牢固，更换焊条应戴手套，在潮湿地点工作，应站在绝缘胶板或木板上。

四、严禁在带压力的容器或管道上施焊，焊接带电的设备必须先切断电源。

五、焊接贮存过易燃、易爆、有毒物品的容器或管道，必须清除干净，并将所有孔打开。

六、在密闭金属容器内施焊时，容器必须可靠接地，通风良好，并应有人监护，严禁向容器内输入氧气。

七、把线、地线，禁止与钢丝绳接触，更不得用钢丝绳或机电设备代替零线，所有地线接头，必须接牢固。

八、更换场地移动把线时，应切断电源，并不得手持把线爬高登位。

九、施焊场地周围应清除易燃易爆物品，或进行覆盖、隔离。

十、工作结束，应切断焊机电源，并检查操作地点，确认无起火危险后，方可离开。

□□□□500千伏输变电工程施工项目部

● 材料/工具标识牌

尺寸要求：300mm×200mm。

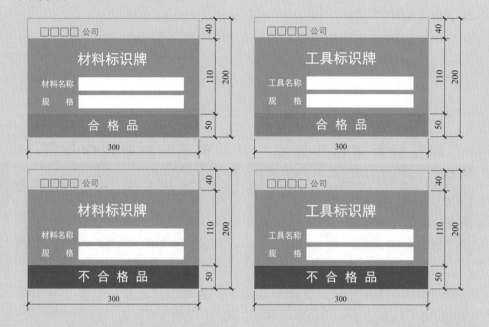

● 机械设备状态牌

尺寸要求：300mm×200mm。

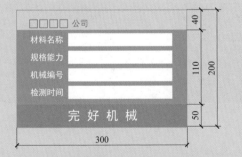

● 应急物资管理制度
尺寸要求：600mm×900mm。

● 危险品防护标牌
尺寸要求：600mm×900mm。

应急物资管理制度

一、应急救援物资装备为应对突发事件而准备，在应急救援救护中具有举足轻重的作用，所以必须保证应急救援物资装备在日常的完备有效，不得随意使用或挪作他用。

二、项目部应安排专人队应急救援物资装备进行管理，对存储、使用、维护情况进行记录，形成相关记录台帐。

三、任何部门和个人不得随意占用应急救援物资装备。非火灾事故情况下，不得使用消防器材，消防设施和相关安全物资；特殊情况（非事故）情需使用时，需经项目部许可；药品类物资必须保证在有效期内，并定期更换。

四、项目部定期时应急救援物资进行检查，检查中如发现损坏、无法使用等情况，应尽快进行维修或更换。

五、设备设施、防护器材须定期检查，应保持清洁、干燥，防止锈性、锈伤和其它损坏。

六、项目部应加强对员工的培训教育，使员工掌握应急救援物资装备的正确使用和维护保养方法，确保应急救援物资在紧急状况下能正确使用。

□□□□500千伏输变电工程施工项目部

危险品仓库安全管理制度

一、危险品按防爆性、燃烧爆炸特性以及灭火方法的不同，分别设置专库分储。分类，专柜贮存，各种物品要标有名称、燃爆特性和灭火方法。

二、库房要有明显的安全标志和防火措施，与建筑间距不低于30m，库房之间有防火墙，消防通道畅通，消防器材随时启用。

三、库房应具有通风排风装置及避雷设施。库房门窗坚固，向外开启，并有防止阳光直射库内的措施。库房电气设施应符合防火防爆要求，开关和照明采用防爆型，线路穿管敷设，不准设临时线。

四、库房设专人管理，建立危险品验收保管使用、库内聚火、动火管理制度和记录。

五、严格执行化工、易燃易爆物品安全守则以及化工保管工、照毒品保管工的安全操作规程，发现问题及时处理。

六、对库房的安全、消防、卫生设施要根据危险性设置相应的防火、防雷、通风、温度调节、防潮、防雨等措施和器材。

七、不准在库房内或在危险品的附近进行实验、分装、打包和其他可能引火火灾的任何不安全操作性的工作。

八、废弃的易燃、易爆物品应装入金属调内，并加盖密封，妥善处理。

九、定期对库房进行防火、防盗为重点的安全检查和核对物数，并做好记录。发现隐患及时整改，重大隐患应向上级报告。

□□□□500千伏输变电工程施工项目部

防火管理制度

一、认真学习消防业务知识并宣传防火的重要性，建筑施工现场必须坚持贯彻"预防为主、消防结合"的方针，严格动火审批资格，全体职工争做防火的带头人，以促进本单位的安全生产。

二、在生工作业中开启电源、电动机、机械设备前进行全面检查，不得违章作业。凡有火种作业的地方（如火房）工作人员在竟应作业后要检查各种易燃物，并熄灭火和后方可离开。

三、施工现场的仓库、木工间、竹脚手架必须悬挂醒目的防火禁烟标志，配全配好防火设施和器材。现场简仓建安排，留出消火通道。

四、油漆工在搅制防水材料过程中，必须清相应的防火种靠近，加强施工中的防火管理和措施，选择适当的动火地点，严防火种蔓延和连嘛作业。

五、电工必须经常检查本地所属电气设备内线路，发现问题及时维修更换，严格要求装机标准，加强配电间的管理制度，加强对宿舍内线路、电器（尤其是电炉）的管理，及时清理各种电源闸、开关上的灰尘和易燃物，接绝柱要牢固，对易引起配火种的缺损导线等及时处理。

六、电（气）焊工必须遵守操作规程的安全防护制度，氧气瓶应放在阴凉处，防油、防爆安全附件要齐全，焚远过程中对准冶接击；与乙炔发生间距不小于5m，施工作明火点不小于10m，并有专人监护，坚决执行电（气）焊作业"十不烧"。

七、发现火灾险情要听从指挥，勇敢扑救，消防器材不得随便移动，并定期检查，保证可靠有效。

八、组织机构（义务消防组长，义务消防副组长，义务消防队员）

□□□□500千伏输变电工程施工项目部

危险品处置指示

危险品名称	
数　　量	
施救方法	
责　任　人	
联系电话	

□□□□500千伏输变电工程施工项目部

◉ 施工区域安全、质量标牌

尺寸要求：2400mm×1500mm。

XX区域施工责任牌

施工单位：□□□
项目负责人：□□□　　电话：XXXXXX
工作负责人：□□□　　电话：XXXXXX
安全监护人：□□□　　电话：XXXXXX
施工区域简介：XXXXXXXXXXXXXXXXXXXXXXXXXXXXXX
XXXXXXXXXXXXXXXXXXXXXXXXXXXXXX
XXXXXXXXXXXXXXXXXXXXXXXXXX
XXXXXXXXXXXXXXXXX.

□□□□500千伏输变电工程业主项目部

XX区域施工安全风险识别、控制牌

序号	作业内容及部位	风险可能导致的后果	固有风险级别	预控措施

□□□□500千伏输变电工程业主项目部

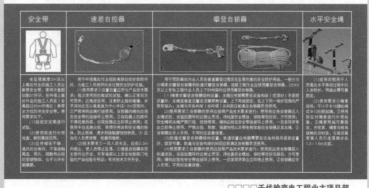

安全防护设施、用品规范使用示意图

□□□□千伏输变电工程业主项目部

◉ 标准工艺展示图牌

尺寸要求：600mm×900mm（竖版）和 900mm×600mm（横版）。

（1）标准工艺应用牌：置于不同施工区显著位置，如主变压器区域、GIS 区域、控制楼等，展示该区域所用的标准工艺，二维码扫码后显示工艺的责任人、工艺流程和工艺要求等。

（2）首件样板标识牌、标准工艺流程牌和工艺标准及施工要点牌：置于标准工艺实施点（样板点），即每个工艺实施点放置上述三块图牌。室外工艺点的图牌采用横版（900mm×600mm）；室内工艺点和户内站采用竖版（600mm×900mm），为"L"型落地式。

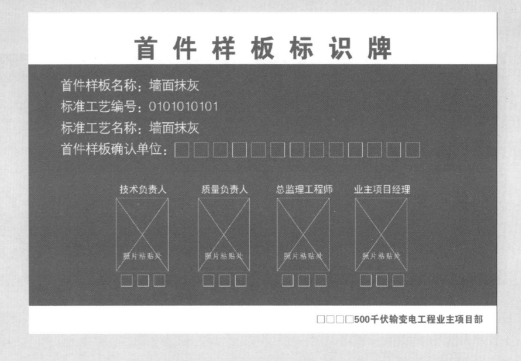

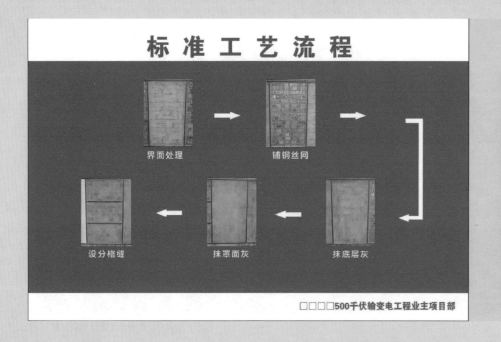

标准工艺流程

界面处理 → 铺钢丝网 →

设分格缝 ← 抹罩面灰 ← 抹底层灰

□□□□500千伏输变电工程业主项目部

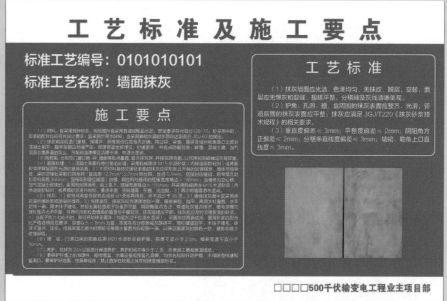

工艺标准及施工要点

标准工艺编号：0101010101

标准工艺名称：墙面抹灰

工艺标准

（1）抹灰墙面应光洁、色泽均匀、无抹纹、脱层、空鼓、面层应无爆灰和裂缝、搔接平整，分格缝及灰线清晰美观。

（2）护角、孔洞、槽、盒周围的抹灰表面应整齐、光洁，管道后面的抹灰表面应平整；抹灰应满足JGJ/T220《抹灰砂浆技术规程》的相关要求。

（3）垂直度偏差 ≤ 3mm；平整度偏差 ≤ 2mm；阴阳角方正偏差 ≤ 2mm；分格条直线度偏差 ≤ 3mm；墙裙、勒角上口直线度 ≤ 3mm。

施工要点

□□□□500千伏输变电工程业主项目部

● 消防器材检查标贴

● 成品保护

消防器材检查标签

换药时间＿＿＿＿＿＿

有 效 期＿＿＿＿＿＿

责 任 人＿＿＿＿＿＿

检查时间（每月一次）

＿＿＿＿年＿＿月＿＿日

＿＿＿＿年＿＿月＿＿日

＿＿＿＿年＿＿月＿＿日

● 脚手架验收合格牌

尺寸要求：600mm×400mm。

脚手架验收合格牌

使用单位		责 任 人	
使用地点		验 收 人	
使用时间		验收时间	
荷　　载			

□□□□工程施工项目部

一、安全标志牌的设置

安全标志牌应设置在醒目位置；当多个标志牌设置在一起时，应按警告、禁止、指令、提示类型的顺序，先左后右、先上后下地排列；标志牌的固定方式分附着式、悬挂式和柱式三种，柱式标志牌的下缘距地面的高度不宜小于 2m。

二、检查与维修

对现场的安全警示标志牌要经常检查，如发现有破损、变形、褪色等不符合要求时应及时修整或更换。

三、禁止标志

禁止标志的含义是禁止人们不安全行为的图形标志。

禁止标志牌的基本形式是白色长方形衬底，涂以红色（M100Y100）圆形带斜杠的禁止标志，下方为红色矩形，黑色黑体字。

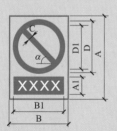

参数 种类	A	B	A1	D(B1)	D1	C
甲	500	400	115	305	244	24
乙	200	160	46	122	98	10

禁止标志规格（α=45°）单位：mm

 禁止通行

 禁止跨越

 禁止攀登

 禁止攀登 高压危险

 禁止锁闭

 禁止吸烟

 禁止烟火

 禁带火种

 禁放易燃物

 禁止用水灭火

 禁止戴手套

 禁止停留

 禁止乘人

 未经许可 不得入内

 禁止开启

 禁止合闸

禁止攀牵线缆

禁止触摸

禁止饮用

 禁止阻塞

四、警告标志

警告标志的基本含义是提醒人们对周围环境引起注意，以避免可能发生危险的图形标志。

警告标志的基本形式是白色长方形衬底，上涂黄色（Y100）正三角形及黑色警告标志框，下方为黑（K100）框白底，黑色黑体字。

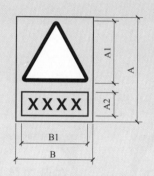

种类 \ 参数	A	B	B1	A2	A1
甲	500	400	305	115	213
乙	200	160	122	46	86

警告标志牌规格　单位: mm

注意安全　　当心触电　　当心吊物　　当心坠落

当心滑跌　　当心坑洞　　当心扎脚　　当心机械伤人

当心弧光　　当心火灾　　当心塌方　　慢　行

五、指令标志

指令标志的含义是强制人们必须做出某种动作或采取防范措施的图形标志。

指令标志的基本型式是白色长方形衬底，上涂蓝色（C100）圆形标志，下面为矩形黑色框，黑色黑体字。

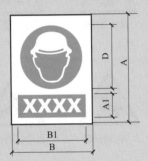

参数 种类	A	B	A1	D(B1)
甲	500	400	115	305
乙	200	160	46	122

指令标志牌规格　单位：mm

必须戴安全帽　　必须戴防尘口罩　　必须戴防护镜　　必须系安全带　　必须穿防护手套

必须穿防护服　　必须穿防护鞋　　必须穿救生衣　　行人走道　　注意通风

六、提示标志

提示标志的含义是向人们提供某种信息（如标明安全设施或场所等）的图形标志。

提示标志的基本型式是绿色（C100Y100）正方形边框，上涂白色圆形，黑色黑体字，上、下间隙相同。提示牌参数为：A＝250mm，D＝200mm 或 A＝150mm，D＝120mm，可根据现场实际情况选用。

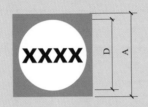

在此通行　　　　在此上下　　　　在此工作

七、方向辅助标志

安全箭头及紧急出口主要用于指示行进的方向。

安全箭头标志的基本型式是绿色（C100Y100）正方形边框，正中间画白色箭头，此类标志宜采用荧光材料制作。

用于工程安全通道，指示安全行进方向及紧急撤离方向。

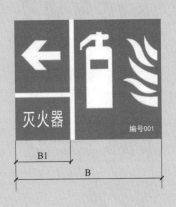

参数 种类	A	B	B1	A2
甲	500	400	200	250

十、安全质量标语

- 强化红线意识　促进安全发展
- 百年大计　质量第一　提高质量　从我做起
- 做良心工程　守道德底线
- 精益求精　铸造品质典范
- 精心施工建精品　与时俱进创辉煌
- 从严管理　扎实工作　确保质量
- 创造优良信誉　建设优质工程
- 安全在我心中　质量在我手中
- 依科学管理　靠团队力量　建优质工程
- 规范程序　注重细节　追求实效
- 安全是效益的保障　安全是幸福的源泉
- 效益是生命　质量是根本

- 企业精神　品质第一
- 要把质量保　管理不能少　要想质量高　管理要更好
- 安全警钟常敲则会长鸣　事故隐患常改才能安宁
- 提高安全意识　强化现场管理
- 隐患是事故的温床　安全是事故的天敌
- 头顶脚下看仔细　人身安全放第一
- 侥幸是事故之根源　谨慎是安全之根本
- 遵章是安全的先导　违章是事故的预兆
- 抓管理　重质量　促工期　保安全
- 防微杜渐　警钟长鸣
- 责任心是安全之魂　标准化是安全之本
- 规范程序　注重细节　控制过程　追求实效

第 7 章
低碳低能耗技术和措施应用示意

7.1 简述 》

为实现"低碳、低能耗"目标，变电站现场临时设施区域（临建区域）可根据项目的实际情况增设低碳低能耗供能装置，采取节能环保措施。
可增设的低碳低能耗供能装置，包括光伏建筑一体化、常规光伏组件（晶硅组件）、电瓶车换电 e 站、预装式冷热供应站等。
可采取的节能环保措施，包括绿色环保型建材，节能设备、工器具，标准化成品预制小件，全电厨房等。

7.2 低碳低能耗供能装置 》

一、光伏建筑一体化

光伏建筑一体化（Building Integrated PV，BIPV）是一种将太阳能发电（光伏）产品集成到建筑上的技术，该技术分为两大类，一种以智能发电瓦直接代替屋面彩钢瓦，另一种覆盖在屋面外侧（如混凝土屋面或彩钢瓦屋面）。工业建筑和民用建筑外表面均可安装智能发电瓦，临建区域可在办公区、生活区、加工区屋顶应用，平面布置方式如图 7-1 所示，具体位置可以根据场地条件灵活调整。光伏建筑一体化（BIPV）可产生电量约为 125kWh/m²，使用寿命为 40 年，整体设计安装流程如图 7-2 所示。

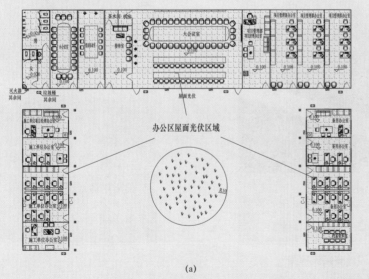

(a)

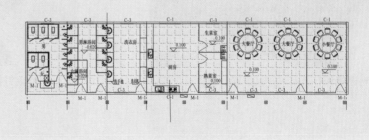

(b)

图 7-1 临建区域 BIPV 应用平面示意图

（a）办公区屋面光伏；（b）生活区屋面光伏

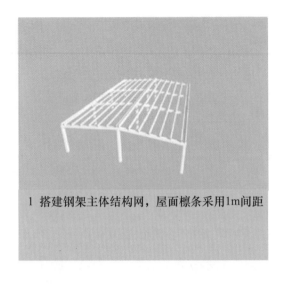

1 搭建钢架主体结构网，屋面檩条采用1m间距

2 在檩条上铺设1mm厚钢丝网，再敷设一层带防火铝箔的离心玻璃保温棉

3 敷设新型发电建筑材料，发电建筑材料采用双面胶带上下搭接

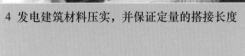

4 发电建筑材料压实，并保证定量的搭接长度

5 采用自攻钉固定发电建筑材料

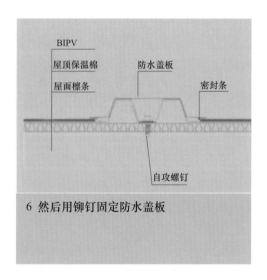

6 然后用铆钉固定防水盖板

图 7-2　BIPV 整体设计安装流程图

二、常规光伏组件（晶硅组件）

常规光伏组件（晶硅组件）包括多晶硅、单晶硅等不同类型，组件是由固体光伏电池组成，电池材料为硅半导体物料。该组件多用于建筑物表面，或被用作窗户、天窗或遮蔽装置的一部分，被称为附设于建筑物的光伏系统。临建区域常规光伏组件（晶硅组件）的布置区域与光伏建筑一体化（BIPV）类似，江苏虞城±800kV换流站临建区域采用单晶硅进行布置，如图7-3所示。常规光伏组件（晶硅组件）可产生电量约为 7.25kWh/m², 使用寿命为20年。

根据屋顶坡度，组件沿屋面随坡安装，横向摆放，每2排组件之间留不小于500mm检修通道。组件距离无女儿墙的屋顶边缘不小于2000mm；距离屋脊彩钢瓦盖板不小于300mm；组件布置时，应避免让逆变器、汇流箱、屋顶风机等固定设施的阴影遮挡。

 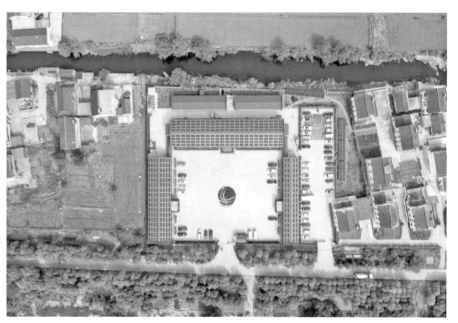

图7-3　虞城换流站临时设施区域

三、电瓶车换电 e 站

电瓶车换电 e 站主要以换电为主，电瓶车可以在 e 站快速更换电池，被替换电池可在 e 站直接充电，如图 7-4 所示。换电 e 站采用直流 60V/48V、16 路智能充换电柜，1 台装置可最大一次性提供 16 块电瓶，可实现无人化智能监管。该设施使用寿命约为 8 年，具体布置位置可根据场地条件灵活调整。

图 7-4　电瓶车换电 e 站实物图

四、预装式冷热供应站

预装式冷热供应站是基于"即插即用"的使用原则，利用设计、生产、装配一体化和机电一体化技术，将冷热源主机、水泵、管路等部件在工厂模组化预制加工后，运往现场拼装的能源系统产品，如图7-5、图7-6所示。该套设备使用寿命约为10年，可为临建区提供冷负荷约160kW，热负荷约150kW，具体布置位置可根据场地条件灵活调整。

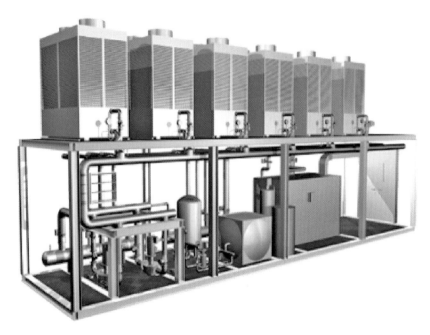

图 7-5 预装式冷热供应站系统图

图 7-6 预装式冷热供应站实物图

7.3 节能环保措施 》

一、建筑方面

（1）装配式围墙、标准化成品预制小件：办公区采用装配式围墙，选用塑钢格栅式围墙，井盖、散水、预制混凝土灯具、盖板等采用工厂化预制件，减少现场的湿作业量，变电站内可使用的装配式围墙及典型预制件如图7-7、图7-8所示。

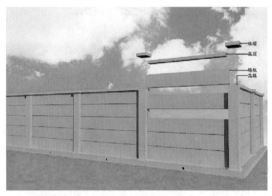

图 7-7　装配式围墙

图 7-8　典型预制件

（2）铝镁锰板复合墙体：临建区域外墙板采用可循环使用的铝镁锰板替代普通金属岩棉夹芯板，该复合墙体由热导系数小于等于 0.058 的玻璃棉毡和热导系数小于等于 0.044 的岩棉板组成，内外部结构如图 7-9 所示。

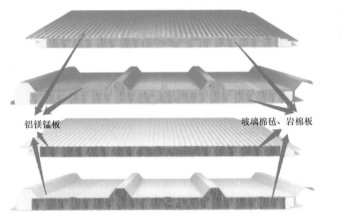

铝镁锰板　　　　　　　　　　玻璃棉毡、岩棉板

图 7-9　铝镁锰板复合墙体示意图

（3）门窗：框体采用断桥铝合金，窗户采用中空玻璃，如图 7-10 和图 7-11 所示，可有效节能保温，降低空调能耗。

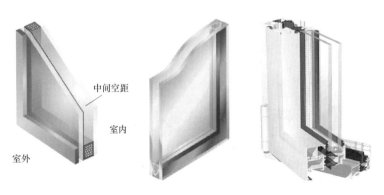

中间空距

室内

室外

图 7-10　门窗示意图

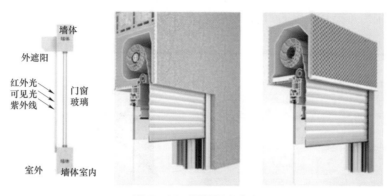

图 7-11 断桥铝合金窗

二、节能设备、工器具

（1）临建区域供能选用节能型变压器。

（2）临建区域灯具广泛采用 LED 节能灯具，如图 7-12 所示，根据现场照度要求配置。

图 7-12 LED 节能灯实物图

（3）临建区域广泛采用节能变频空调。

（4）走廊、卫生间等公共区域采用声控感应式延时开关。

（5）工器具选用节能、高效设备，如电动叉车、电动扳手、电动压接机等，如图7-13~图7-15所示，建立保养、保修、检验制度。

图7-13　电动叉车

图7-14　电动扳手

图7-15　电动压接机

三、节水绿化

（1）结合变电站本体设置的雨水井进行雨水回收，回收的雨水可以进行车辆清洗、绿化喷淋、防止扬尘等。

（2）非固化区域可进行全绿化，增强自然生态系统固碳能力。

四、办公区

（1）开展云会议视频平台建设（图7-16）。

（2）结合基建全过程综合数字化管理平台、"e安全"等软件开展无纸化审批办公（图7-17）。

（3）推进工程档案资料向数字化管理发展，提高数字化程度（图7-18）。

（4）会议室、办公室等区域推广使用电子图牌，可循环使用（图7-19）。

图 7-16　云会议视频平台

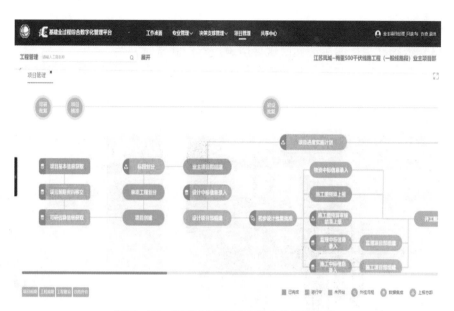

图 7-17　基建全过程综合数字化管理平台

图 7-18　数字档案馆系统

图 7-19　电子图牌

五、加工区

（1）零焊接、零涂刷、少湿作业：尽可能地采用栓接代替焊接；钢管、施工机械等出厂时做好出新工作，避免现场涂刷；混凝土制品采用预拌混凝土，砌体制品采用预拌砂浆，减少湿作业。

（2）统一临设标牌：按本图册要求布置，做到现场图牌标准化、规范化。

六、生活区

（1）热水供应、采暖制冷：提高太阳能热水器应用比率，使用节能变频空调减少能耗，如图7-20、图7-21所示。

图 7-20　太阳能热水器

图 7-21　节能变频空调

（2）新型厨房：厨房用能设备推广电能替代，降低传统化石能源使用比例，建设全电食堂（厨房），如图7-22～图7-24所示。

图7-22　节能电热锅　　　　　　　　　　　图7-23　节能蒸饭箱　　　　　图7-24　节能烧水器

第8章
"党建+基建" 文明施工示意

8.1　室外铭牌 》

● 党员责任区

材质：仿铜风格，红色字体。

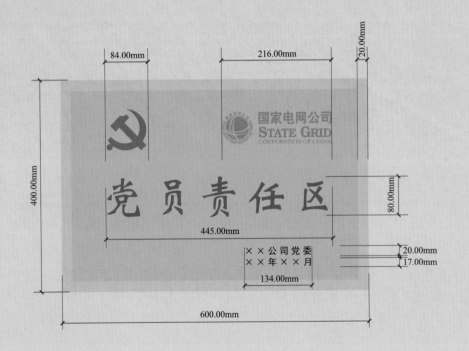

● 共产党员行为公约牌

"共产党员行为公约牌"置于工程类图牌之后，为必备图牌之一。

尺寸要求：2400mm×1500mm。

标题文字字体：方正大黑简体
标题文字字号：420pt

小标题文字字体：方正大黑简体
小标题文字字号：120pt

正文文字字体：方正中等线简体
正文文字字号：根据实际内容调整，且不得小于60pt。

● 户外标语展牌

尺寸要求：1200mm×1200mm。

● 户外图牌

用于办公区、生活区、施工区的党建文化宣传和活动展示，为可选项，图牌内文字为示意。

尺寸要求：2400mm×1500mm。

尺寸要求：270mm×870mm。
字体要求：方正大黑简体。

尺寸要求：270mm×870mm。

字体要求：方正大标宋简体。

国家电网 STATE GRID	国家电网 STATE GRID	国家电网 STATE GRID	国家电网 STATE GRID	国家电网 STATE GRID	国家电网 STATE GRID	国家电网 STATE GRID	国家电网 STATE GRID	国家电网 STATE GRID	国家电网 STATE GRID
建设高端电网 坚持党建领航	加强廉政建设 共建和谐电网	党员在岗位闪光 党旗在工地飘扬	心连心基层增活力 手拉手党建进工地	勇于创新敢挑重担 冲锋在前无私奉献	守正创新担当作为 奋勇争先创造一流	全面提高党员综合素质 切实发挥党员表率作用	加强党风廉政建设 树立党员良好形象	不忘初心再出发 牢记使命勇担当	守初心 担使命 找差距 抓落实

尺寸要求：270mm×870mm。

字体要求：方正大黑简体。

尺寸要求：270mm × 870mm。

字体要求：方正大标宋简体。

国家电网
STATE GRID
强化红线意识
促进安全发展
百年大计 质量第一
提高质量 从我做起
做良心工程
守道德底线
精益求精
铸造品质典范
精心施工建精品
与时俱进创辉煌
创造优良信誉
建设优质工程
安全在我心中
质量在我手中
依科学管理
靠团队力量
建优质工程
安全是效益的保障
安全是幸福的源泉
安全警钟常敲则会长鸣
事故隐患常改才能安宁

8.3　党建宣传栏和文化墙 》

尺寸要求：1500mm×900mm。

内容：根据实际要求自行设计。

尺寸要求：1500mm×900mm。

内容：根据实际要求自行设计。

● 党建文化墙示例一

尺寸要求：6000mm×1500mm。

字体：禹卫书法行书
大小：20cm×20cm

字体：方正兰亭大黑
大小：8cm×8cm

字体：方正兰亭大黑
大小：3cm×3cm

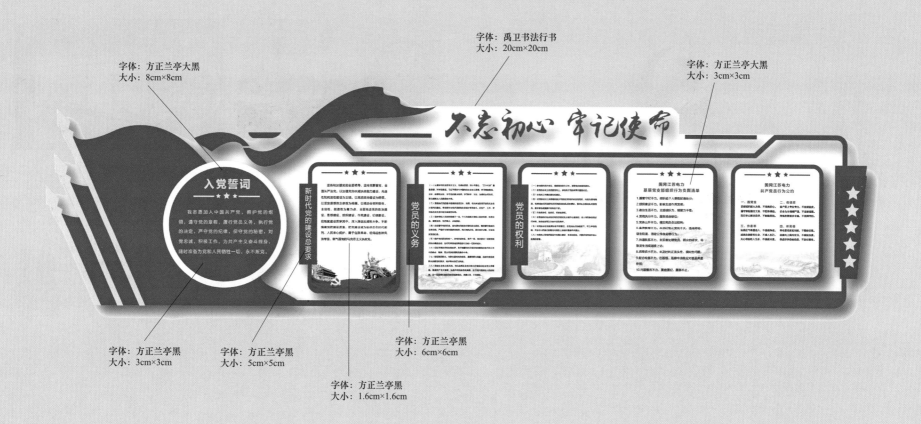

字体：方正兰亭黑
大小：3cm×3cm

字体：方正兰亭黑
大小：5cm×5cm

字体：方正兰亭黑
大小：1.6cm×1.6cm

字体：方正兰亭黑
大小：6cm×6cm

尺寸要求：2000mm×1200mm。

内容：根据实际要求自行设计。

字休：禹卫书法行书
大小：30cm×20cm

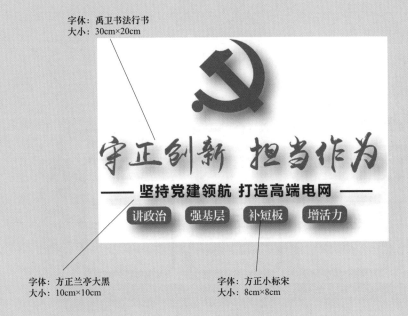

字体：方正兰亭大黑　　　　字体：方正小标宋
大小：10cm×10cm　　　　　大小：8cm×8cm

- 勇于创新，敢挑重担　冲锋在前，无私奉献
- 守正创新，担当作为　奋勇争先，创造一流
- 全面提高党员综合素质　切实发挥党员表率作用
- 加强党风廉政建设　树立党员良好形象
- 不忘初心再出发　牢记使命勇担当
- 守初心、担使命　找差距、抓落实
- 坚持党建领航　建设高端电网
- 手拉手党建进工地　心连心基建增活力

- 党旗在工地飘扬　党员在岗位闪光
- 防微杜渐　警钟长鸣　廉洁自律　党性长存
- 开辟党建新领域　激发党员新活力
- 送安全、送关怀、送骨干　树旗帜、树标杆、树品牌
- 携手奋进亮党员身份　建功立业展青春风采
- 加强廉政建设　共建和谐电网
- 打造团结坚强支部　锤炼模范先锋党员
- 不忘初心跟党走　同心共筑中国梦

◉ 横幅应用示意

党旗在工地飘扬　党员在岗位闪光